Table of Contents

AF801041

Multiplication Chart

Color the times table chart as you master each times table.

X	0	1	2	3	4	5	6	7	8	9	10	11	12
0	0	0	0	0	0	0	0	0	0	0	0	0	0
1	0	1	2	3	4	5	6	7	8	9	10	11	12
2	0	2	4	6	8	10	12	14	16	18	20	22	24
3	0	3	6	9	12	15	18	21	24	27	30	33	36
4	0	4	8	12	16	20	24	28	32	36	40	44	48
5	0	5	10	15	20	25	30	35	40	45	50	55	60
6	0	6	12	18	24	30	36	42	48	54	60	66	72
7	0	7	14	21	28	35	42	49	56	63	70	77	84
8	0	8	16	24	32	40	48	56	64	72	80	88	96
9	0	9	18	27	36	45	54	63	72	81	90	99	108
10	0	10	20	30	40	50	60	70	80	90	100	110	120
11	0	11	22	33	44	55	66	77	88	99	110	121	132
12	0	12	24	36	48	60	72	84	96	108	120	132	144

All Facts Multiplication Chart

0
0 x 1 = 0
0 x 2 = 0
0 x 3 = 0
0 x 4 = 0
0 x 5 = 0
0 x 6 = 0
0 x 7 = 0
0 x 8 = 0
0 x 9 = 0
0 x 10 = 0
0 x 11 = 0
0 x 12 = 0

1
1 x 1 = 1
1 x 2 = 2
1 x 3 = 3
1 x 4 = 4
1 x 5 = 5
1 x 6 = 6
1 x 7 = 7
1 x 8 = 8
1 x 9 = 9
1 x 10 = 10
1 x 11 = 11
1 x 12 = 12

2
2 x 1 = 2
2 x 2 = 4
2 x 3 = 6
2 x 4 = 8
2 x 5 = 10
2 x 6 = 12
2 x 7 = 14
2 x 8 = 16
2 x 9 = 18
2 x 10 = 20
2 x 11 = 22
2 x 12 = 24

3
3 x 1 = 3
3 x 2 = 6
3 x 3 = 9
3 x 4 = 12
3 x 5 = 15
3 x 6 = 18
3 x 7 = 21
3 x 8 = 24
3 x 9 = 27
3 x 10 = 30
3 x 11 = 33
3 x 12 = 36

4
4 x 1 = 4
4 x 2 = 8
4 x 3 = 12
4 x 4 = 16
4 x 5 = 20
4 x 6 = 24
4 x 7 = 28
4 x 8 = 32
4 x 9 = 36
4 x 10 = 40
4 x 11 = 44
4 x 12 = 48

5
5 x 1 = 5
5 x 2 = 10
5 x 3 = 15
5 x 4 = 20
5 x 5 = 25
5 x 6 = 30
5 x 7 = 35
5 x 8 = 40
5 x 9 = 45
5 x 10 = 50
5 x 11 = 55
5 x 12 = 60

6
6 x 1 = 6
6 x 2 = 12
6 x 3 = 18
6 x 4 = 24
6 x 5 = 30
6 x 6 = 36
6 x 7 = 42
6 x 8 = 48
6 x 9 = 54
6 x 10 = 60
6 x 11 = 66
6 x 12 = 72

7
7 x 1 = 7
7 x 2 = 14
7 x 3 = 21
7 x 4 = 28
7 x 5 = 35
7 x 6 = 42
7 x 7 = 49
7 x 8 = 56
7 x 9 = 63
7 x 10 = 70
7 x 11 = 77
7 x 12 = 84

8
8 x 1 = 8
8 x 2 = 16
8 x 3 = 24
8 x 4 = 32
8 x 5 = 40
8 x 6 = 48
8 x 7 = 56
8 x 8 = 64
8 x 9 = 72
8 x 10 = 80
8 x 11 = 88
8 x 12 = 96

9
9 x 1 = 9
9 x 2 = 18
9 x 3 = 27
9 x 4 = 36
9 x 5 = 45
9 x 6 = 54
9 x 7 = 63
9 x 8 = 72
9 x 9 = 81
9 x 10 = 90
9 x 11 = 99
9 x 12 = 108

10
10 x 1 = 10
10 x 2 = 20
10 x 3 = 30
10 x 4 = 40
10 x 5 = 50
10 x 6 = 60
10 x 7 = 70
10 x 8 = 80
10 x 9 = 90
10 x 10 = 100
10 x 11 = 110
10 x 12 = 120

11
11 x 1 = 11
11 x 2 = 22
11 x 3 = 33
11 x 4 = 44
11 x 5 = 55
11 x 6 = 66
11 x 7 = 77
11 x 8 = 88
11 x 9 = 99
11 x 10 = 110
11 x 11 = 121
11 x 12 = 132

12
12 x 1 = 12
12 x 2 = 24
12 x 3 = 36
12 x 4 = 48
12 x 5 = 60
12 x 6 = 72
12 x 7 = 84
12 x 8 = 96
12 x 9 = 108
12 x 10 = 120
12 x 11 = 132
12 x 12 = 144

0 Times Table

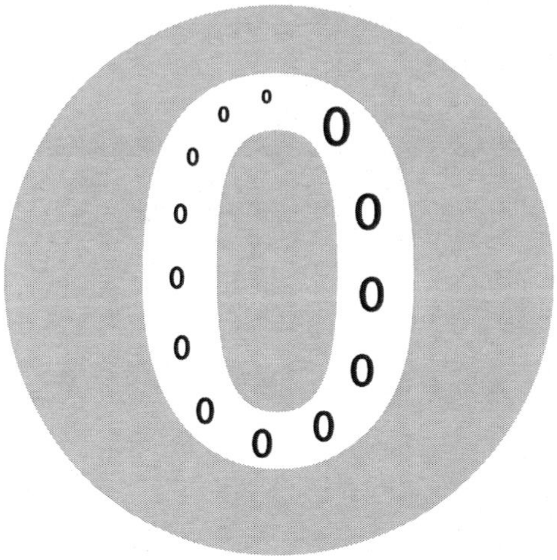

0 x 0 = 0
0 x 1 = 0
0 x 2 = 0
0 x 3 = 0
0 x 4 = 0
0 x 5 = 0
0 x 6 = 0
0 x 7 = 0
0 x 8 = 0
0 x 9 = 0
0 x 10 = 0
0 x 11 = 0
0 x 12 = 0

X	0	1	2	3	4	5	6	7	8	9	10	11	12
0	0	0	0	0	0	0	0	0	0	0	0	0	0
1	0	1	2	3	4	5	6	7	8	9	10	11	12
2	0	2	4	6	8	10	12	14	16	18	20	22	24
3	0	3	6	9	12	15	18	21	24	27	30	33	36
4	0	4	8	12	16	20	24	28	32	36	40	44	48
5	0	5	10	15	20	25	30	35	40	45	50	55	60
6	0	6	12	18	24	30	36	42	48	54	60	66	72
7	0	7	14	21	28	35	42	49	56	63	70	77	84
8	0	8	16	24	32	40	48	56	64	72	80	88	96
9	0	9	18	27	36	45	54	63	72	81	90	99	108
10	0	10	20	30	40	50	60	70	80	90	100	110	120
11	0	11	22	33	44	55	66	77	88	99	110	121	132
12	0	12	24	36	48	60	72	84	96	108	120	132	144

Name: ____________________

0 x

Date: __________ Score: ______

1. 0×0 = ____
2. 0×1 = ____
3. 0×2 = ____
4. 0×3 = ____
5. 0×4 = ____
6. 0×5 = ____
7. 0×6 = ____
8. 0×7 = ____
9. 0×8 = ____
10. 0×9 = ____
11. 0×10 = ____
12. 0×11 = ____
13. 0×12 = ____

Name: ____________________ **0 x** Date: __________ Score: ________

1. $\begin{array}{r} 0 \\ \times\ 5 \\ \hline \end{array}$

2. $\begin{array}{r} 0 \\ \times\ 3 \\ \hline \end{array}$

3. $\begin{array}{r} 0 \\ \times\ 9 \\ \hline \end{array}$

4. $\begin{array}{r} 0 \\ \times\ 1 \\ \hline \end{array}$

5. $\begin{array}{r} 0 \\ \times\ 7 \\ \hline \end{array}$

6. $\begin{array}{r} 0 \\ \times\ 4 \\ \hline \end{array}$

7. $\begin{array}{r} 0 \\ \times 12 \\ \hline \end{array}$

8. $\begin{array}{r} 0 \\ \times\ 2 \\ \hline \end{array}$

9. $\begin{array}{r} 0 \\ \times\ 0 \\ \hline \end{array}$

10. $\begin{array}{r} 0 \\ \times 11 \\ \hline \end{array}$

11. $\begin{array}{r} 0 \\ \times\ 6 \\ \hline \end{array}$

12. $\begin{array}{r} 0 \\ \times\ 8 \\ \hline \end{array}$

13. $\begin{array}{r} 0 \\ \times 10 \\ \hline \end{array}$

14. $\begin{array}{r} 0 \\ \times\ 7 \\ \hline \end{array}$

15. $\begin{array}{r} 0 \\ \times\ 9 \\ \hline \end{array}$

16. $\begin{array}{r} 0 \\ \times\ 4 \\ \hline \end{array}$

Name: ____________________ **0 x** Date: __________ Score: ________

1. 0 x 4 = _____
2. 0 x 1 = _____
3. 0 x 9 = _____
4. 0 x 10 = _____
5. 0 x 2 = _____
6. 0 x 6 = _____
7. 0 x 8 = _____
8. 0 x 5 = _____
9. 0 x 12 = _____
10. 0 x 3 = _____
11. 0 x 7 = _____
12. 0 x 11 = _____
13. 0 x 0 = _____
14. 0 x 6 = _____
15. 0 x 5 = _____
16. 0 x 7 = _____
17. 0 x 3 = _____
18. 0 x 4 = _____
19. 0 x 9 = _____
20. 0 x 11 = _____
21. 0 x 2 = _____
22. 0 x 1 = _____
23. 0 x 8 = _____
24. 0 x 10 = _____
25. 0 x 12 = _____
26. 0 x 2 = _____
27. 0 x 4 = _____
28. 0 x 8 = _____
29. 0 x 6 = _____
30. 0 x 11 = _____
31. 0 x 7 = _____
32. 0 x 3 = _____
33. 0 x 9 = _____
34. 0 x 0 = _____
35. 0 x 1 = _____
36. 0 x 5 = _____

Name: ____________________

0 x

Date: ____________ Score: ________

1. 0 x 7 = _____
2. 0 x 11 = _____
3. 0 x 3 = _____
4. 0 x 0 = _____
5. 0 x 1 = _____
6. 0 x 5 = _____
7. 0 x 10 = _____
8. 0 x 2 = _____
9. 0 x 4 = _____
10. 0 x 8 = _____
11. 0 x 6 = _____
12. 0 x 3 = _____
13. 0 x 9 = _____
14. 0 x 4 = _____
15. 0 x 12 = _____
16. 0 x 1 = _____
17. 0 x 8 = _____
18. 0 x 0 = _____
19. 0 x 6 = _____
20. 0 x 5 = _____
21. 0 x 7 = _____
22. 0 x 11 = _____
23. 0 x 3 = _____
24. 0 x 2 = _____
25. 0 x 12 = _____
26. 0 x 8 = _____
27. 0 x 0 = _____
28. 0 x 3 = _____
29. 0 x 7 = _____
30. 0 x 10 = _____
31. 0 x 4 = _____
32. 0 x 1 = _____
33. 0 x 6 = _____
34. 0 x 2 = _____
35. 0 x 9 = _____
36. 0 x 8 = _____

Name: ____________________ **0 x** Date: __________ Score: ________

Complete the circle by multiplying the numbers with the center number. The first one has been done for you.

1.

4 7
0 1 **0** 3
9 5

2.

10 2
6 **0** 0
3 1

3.

1 6
2 **0** 7
4 9

4.

2 8
9 **0** 10
0 6

5.

0 9
11 **0** 4
7 2

6.

5 4
10 **0** 8
3 1

7.

8 1
12 **0** 2
5 4

8.

6 12
0 **0** 8
1 3

9.

7 0
8 **0** 6
2 11

0 x

Name: ____________________ Date: __________ Score: ________

Complete the circle by multiplying the numbers with the center number.

1.

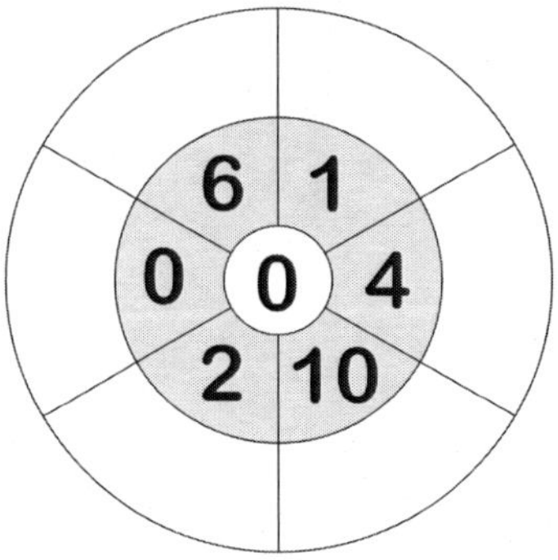

2.

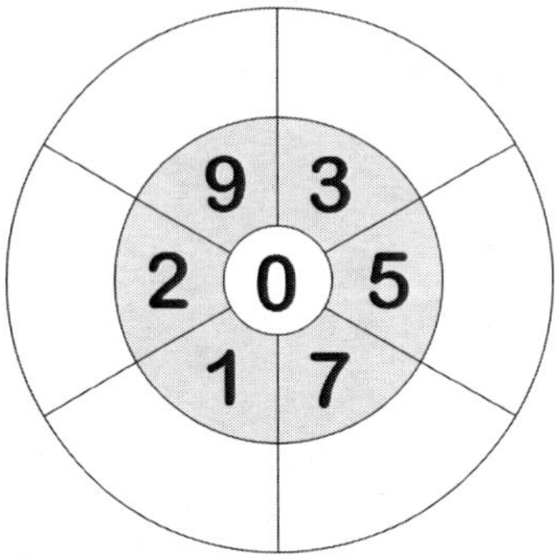

3.

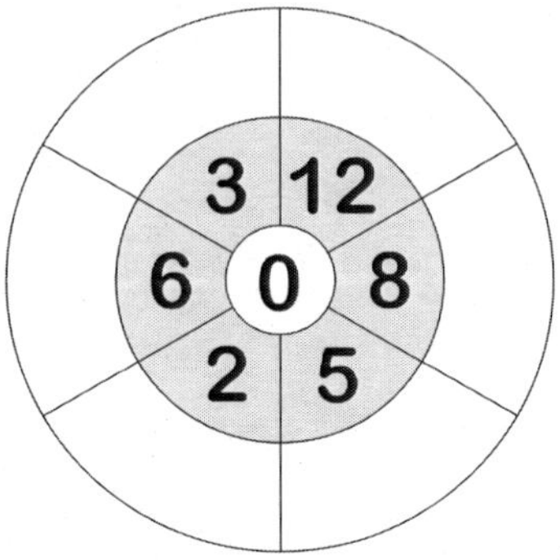

4.

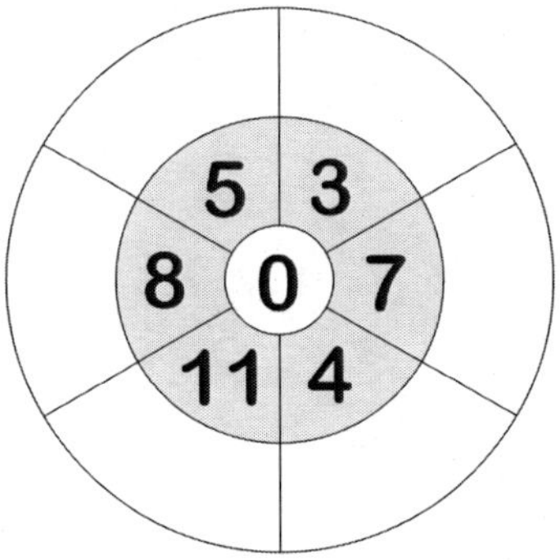

5.

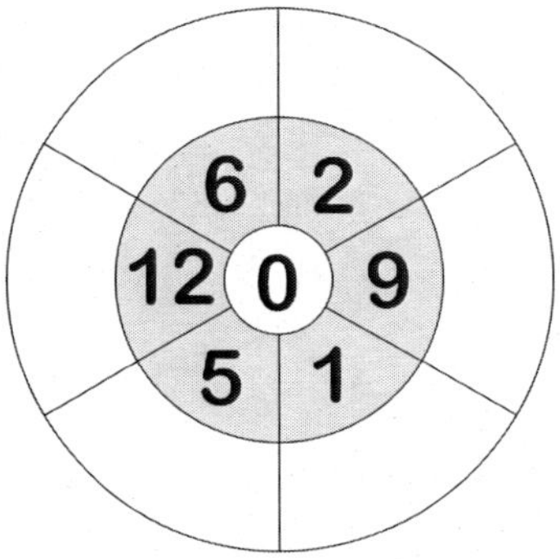

6.

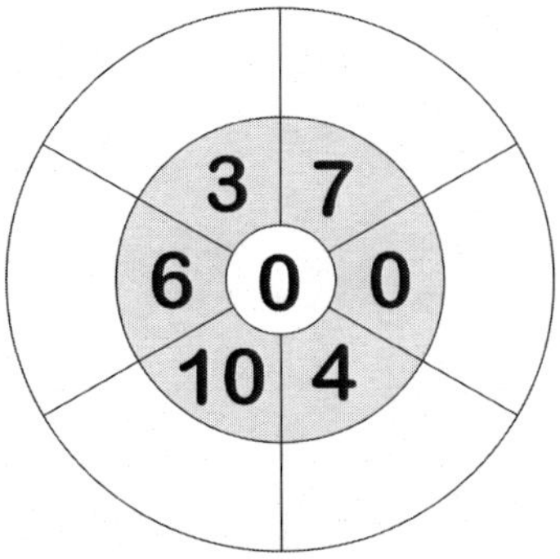

7.

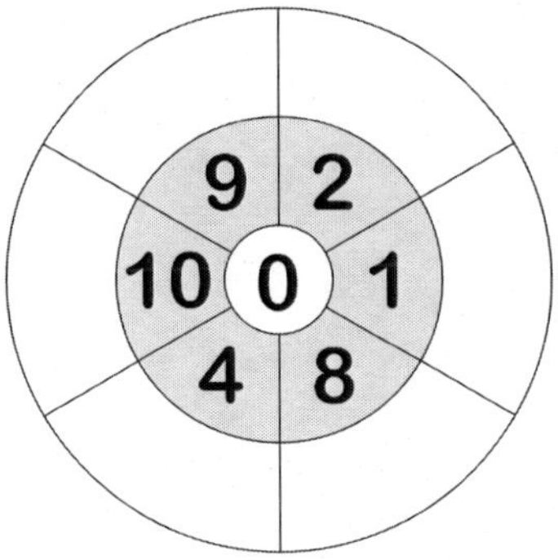

8.

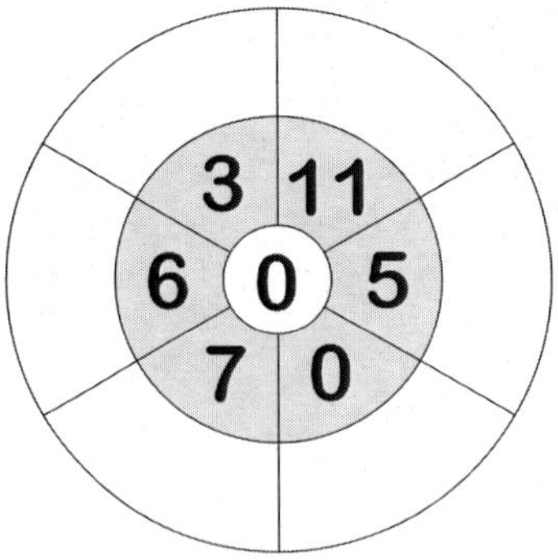

9.

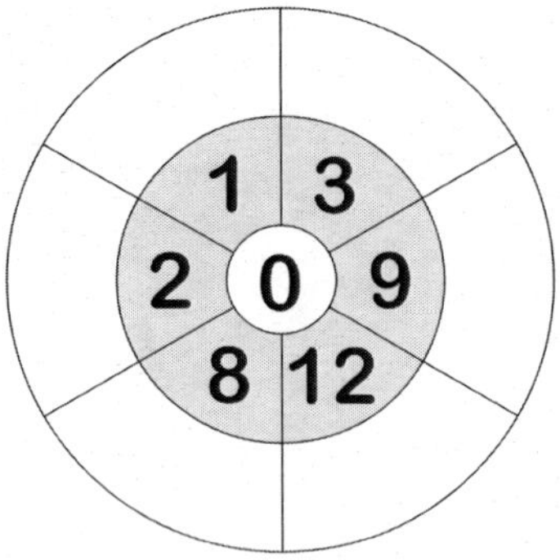

1 Times Table

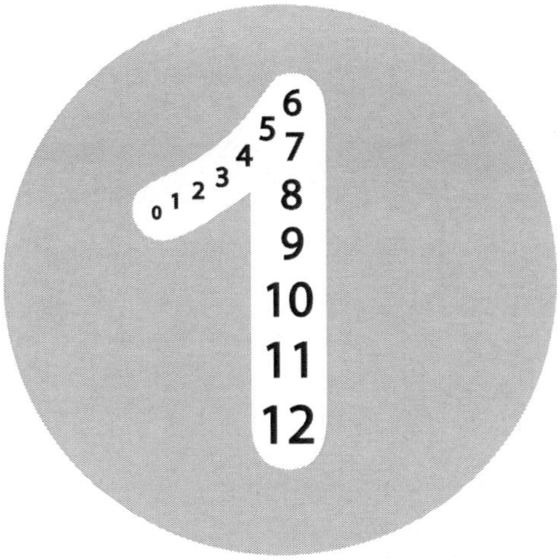

1 x 0 = 0
1 x 1 = 1
1 x 2 = 2
1 x 3 = 3
1 x 4 = 4
1 x 5 = 5
1 x 6 = 6
1 x 7 = 7
1 x 8 = 8
1 x 9 = 9
1 x 10 = 10
1 x 11 = 11
1 x 12 = 12

X	0	1	2	3	4	5	6	7	8	9	10	11	12
0	0	0	0	0	0	0	0	0	0	0	0	0	0
1	0	1	2	3	4	5	6	7	8	9	10	11	12
2	0	2	4	6	8	10	12	14	16	18	20	22	24
3	0	3	6	9	12	15	18	21	24	27	30	33	36
4	0	4	8	12	16	20	24	28	32	36	40	44	48
5	0	5	10	15	20	25	30	35	40	45	50	55	60
6	0	6	12	18	24	30	36	42	48	54	60	66	72
7	0	7	14	21	28	35	42	49	56	63	70	77	84
8	0	8	16	24	32	40	48	56	64	72	80	88	96
9	0	9	18	27	36	45	54	63	72	81	90	99	108
10	0	10	20	30	40	50	60	70	80	90	100	110	120
11	0	11	22	33	44	55	66	77	88	99	110	121	132
12	0	12	24	36	48	60	72	84	96	108	120	132	144

Name: ______________________ **1 x** Date: __________ Score: _______

1. 1 x 0	2. 1 x 1	3. 1 x 2	4. 1 x 3
5. 1 x 4	6. 1 x 5	7. 1 x 6	8. 1 x 7
9. 1 x 8	10. 1 x 9	11. 1 x10	12. 1 x11
13. 1 x12			

Name: ______________________ **1 x** Date: __________ Score: ________

1. 1×5	2. 1×3	3. 1×9	4. 1×1
5. 1×7	6. 1×4	7. 1×12	8. 1×2
9. 1×0	10. 1×11	11. 1×6	12. 1×8
13. 1×10	14. 1×7	15. 1×9	16. 1×4

Name: ____________________

1 x

Date: __________ Score: ________

1. 1 x 4 = ____
2. 1 x 1 = ____
3. 1 x 9 = ____
4. 1 x 10 = ____
5. 1 x 2 = ____
6. 1 x 6 = ____
7. 1 x 8 = ____
8. 1 x 5 = ____
9. 1 x 12 = ____
10. 1 x 3 = ____
11. 1 x 7 = ____
12. 1 x 11 = ____
13. 1 x 0 = ____
14. 1 x 6 = ____
15. 1 x 5 = ____
16. 1 x 7 = ____
17. 1 x 3 = ____
18. 1 x 4 = ____
19. 1 x 9 = ____
20. 1 x 11 = ____
21. 1 x 2 = ____
22. 1 x 1 = ____
23. 1 x 8 = ____
24. 1 x 10 = ____
25. 1 x 12 = ____
26. 1 x 2 = ____
27. 1 x 4 = ____
28. 1 x 8 = ____
29. 1 x 6 = ____
30. 1 x 11 = ____
31. 1 x 7 = ____
32. 1 x 3 = ____
33. 1 x 9 = ____
34. 1 x 0 = ____
35. 1 x 1 = ____
36. 1 x 5 = ____

Name: ____________________ **1 x** Date: __________ Score: ______

1. 1 x 7 = _____
2. 1 x 11 = _____
3. 1 x 3 = _____
4. 1 x 0 = _____
5. 1 x 1 = _____
6. 1 x 5 = _____
7. 1 x 10 = _____
8. 1 x 2 = _____
9. 1 x 4 = _____
10. 1 x 8 = _____
11. 1 x 6 = _____
12. 1 x 3 = _____
13. 1 x 9 = _____
14. 1 x 4 = _____
15. 1 x 12 = _____
16. 1 x 1 = _____
17. 1 x 8 = _____
18. 1 x 0 = _____
19. 1 x 6 = _____
20. 1 x 5 = _____
21. 1 x 7 = _____
22. 1 x 11 = _____
23. 1 x 3 = _____
24. 1 x 2 = _____
25. 1 x 12 = _____
26. 1 x 8 = _____
27. 1 x 0 = _____
28. 1 x 3 = _____
29. 1 x 7 = _____
30. 1 x 10 = _____
31. 1 x 4 = _____
32. 1 x 1 = _____
33. 1 x 6 = _____
34. 1 x 2 = _____
35. 1 x 9 = _____
36. 1 x 8 = _____

Name: ____________________ **1 x** Date: __________ Score: ________

Complete the circle by multiplying the numbers with the center number. The first one has been done for you.

1.

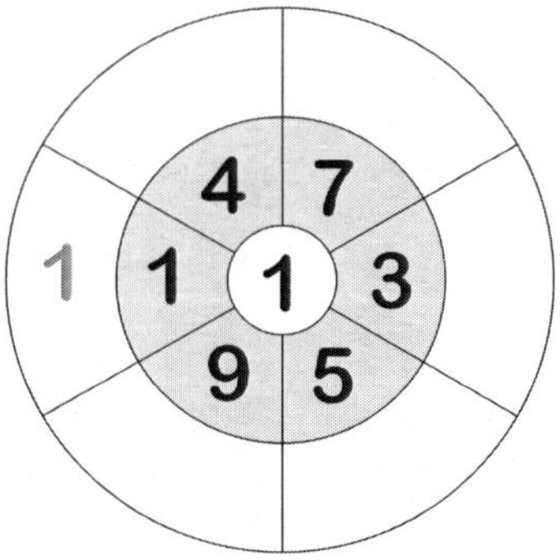

2.

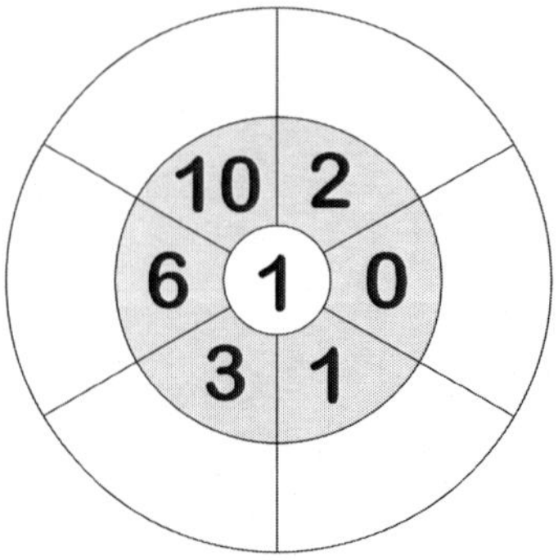

3.

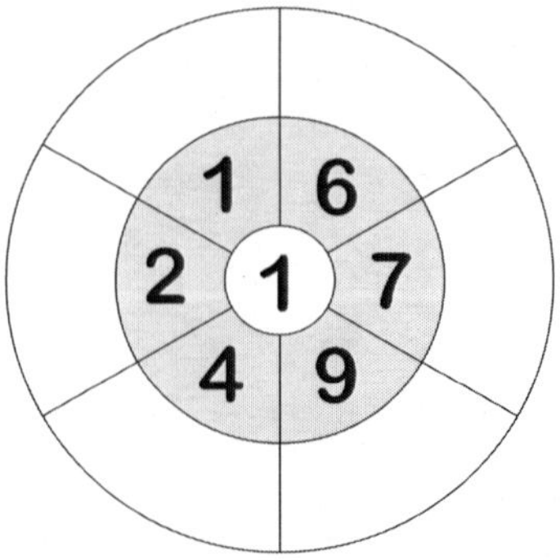

4.

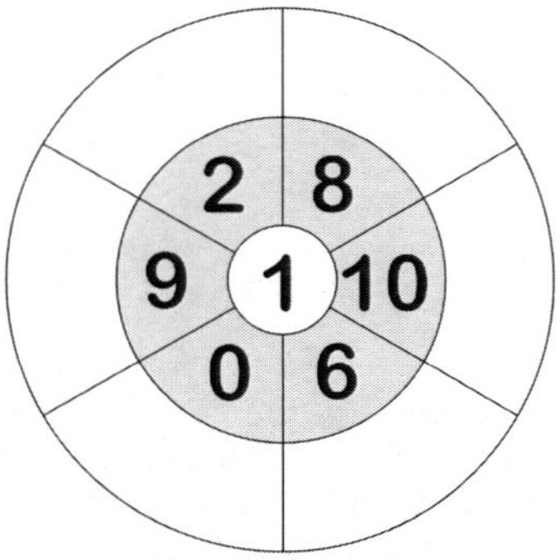

5.

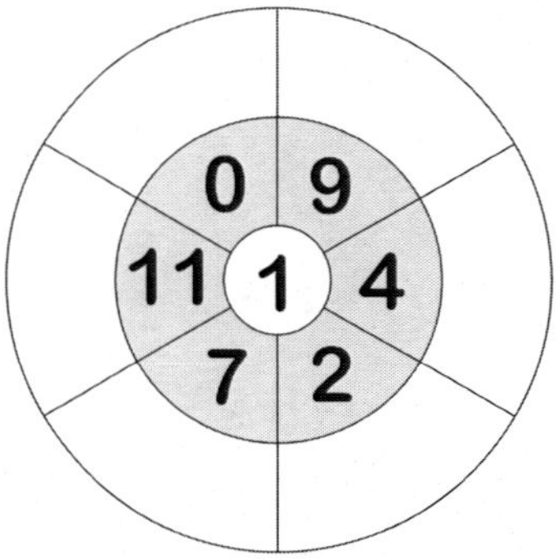

6.

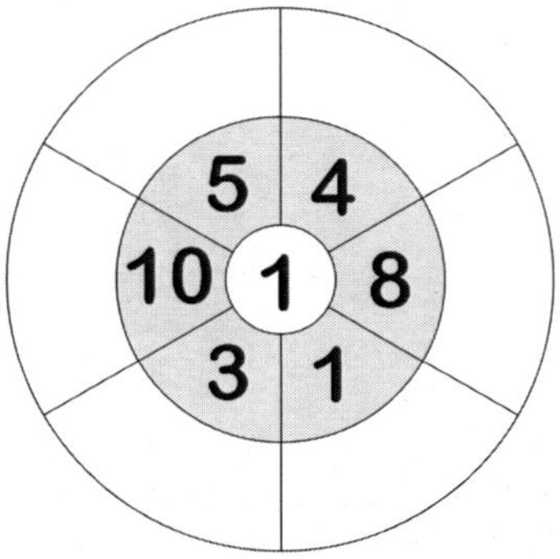

7.

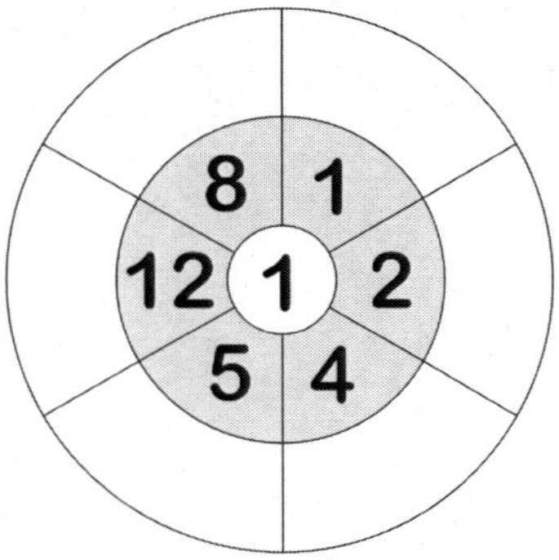

8.

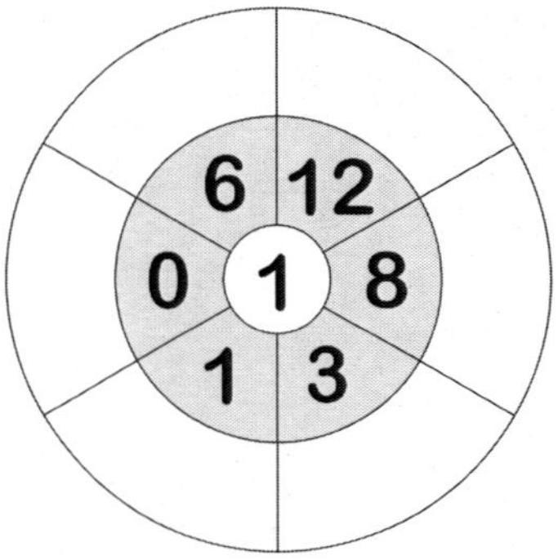

9.

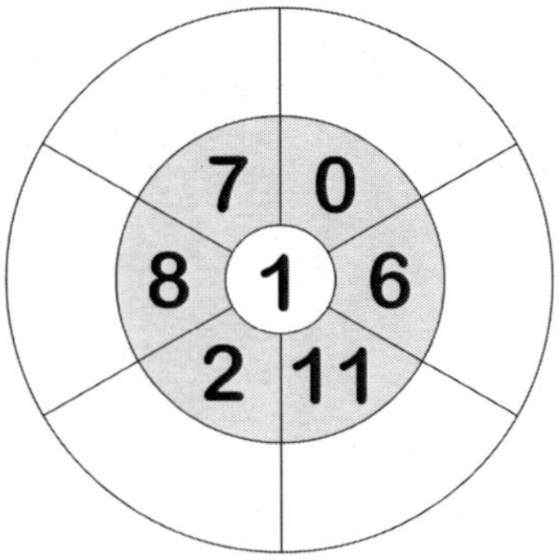

Name: ______________________ **1 x** Date: ____________ Score: ________

Complete the circle by multiplying the numbers with the center number.

1.

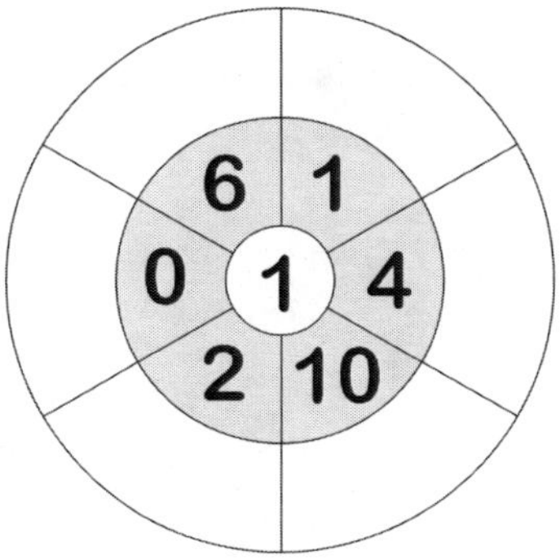

2.

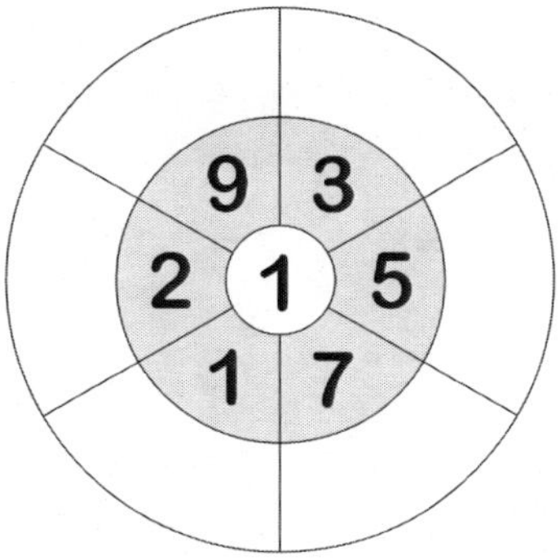

3.

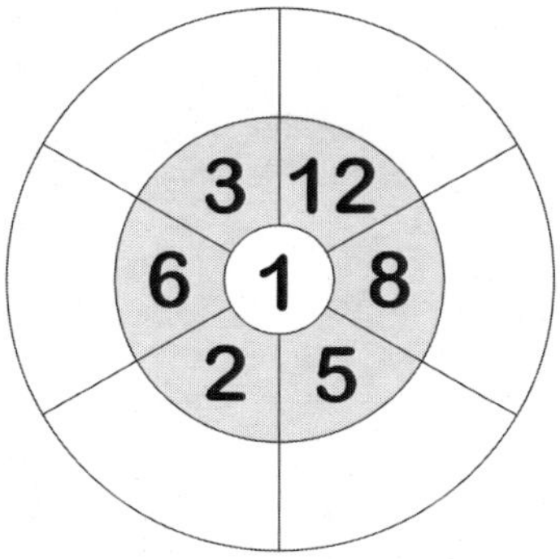

4.

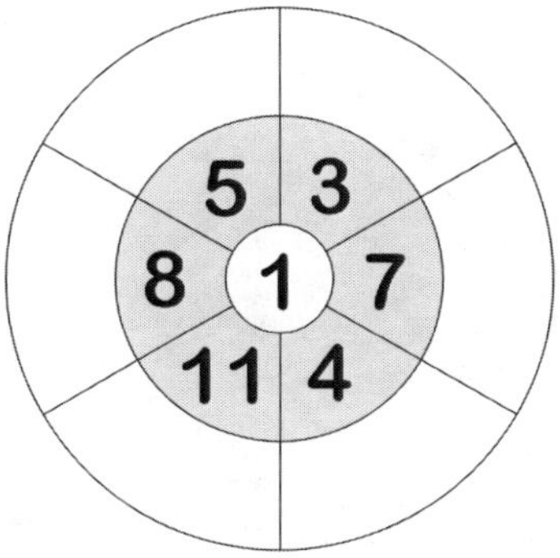

5.

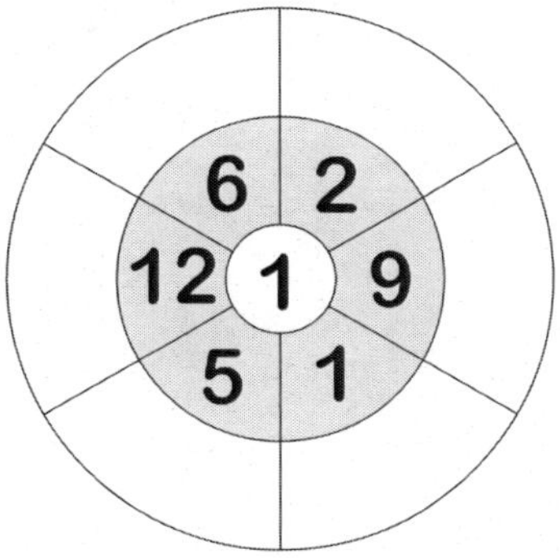

6.

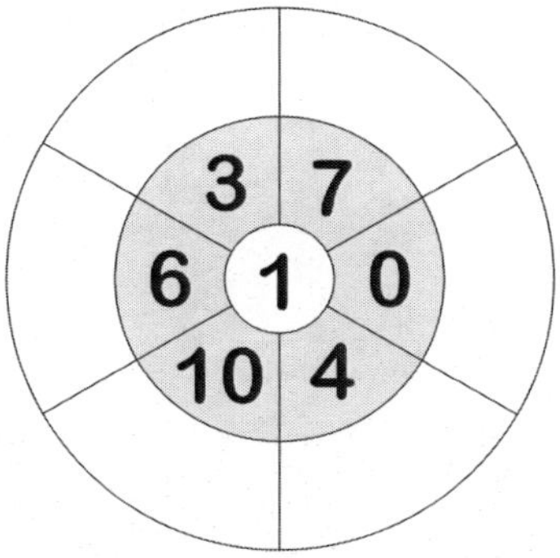

7.

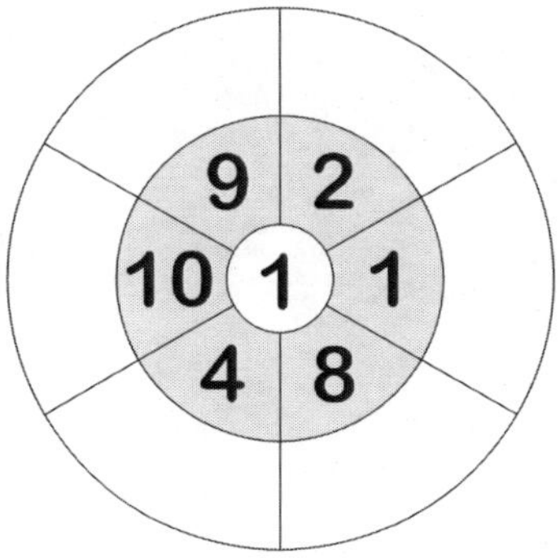

8.

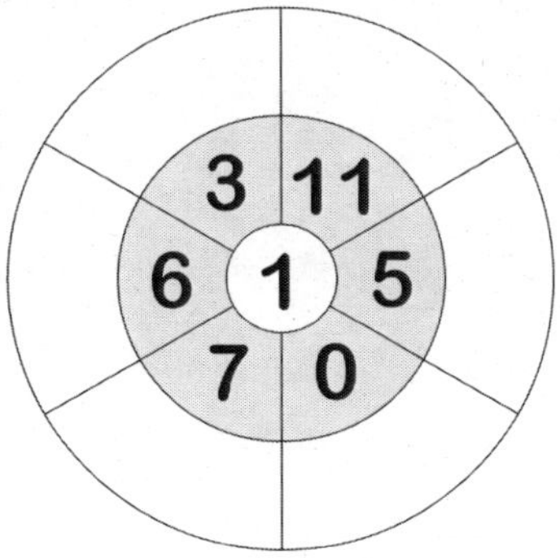

9.

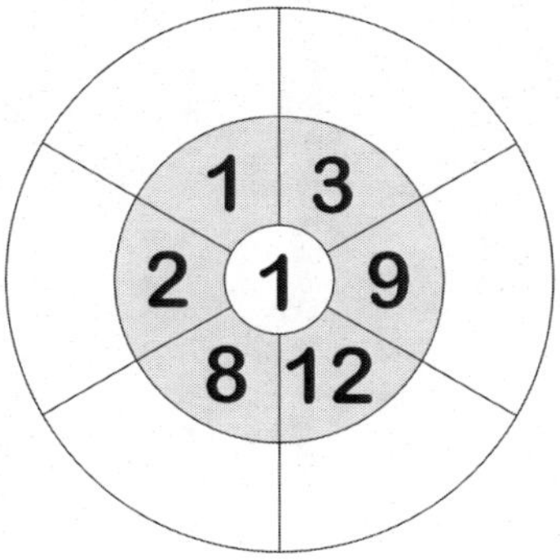

Name: ____________________ # 0x - 1x Date: __________ Score: ________

1. 0 x 3 = _____
2. 1 x 8 = _____
3. 0 x 8 = _____
4. 0 x 0 = _____
5. 1 x 7 = _____
6. 0 x 4 = _____
7. 1 x 11 = _____
8. 1 x 9 = _____
9. 0 x 6 = _____
10. 0 x 12 = _____
11. 1 x 2 = _____
12. 0 x 5 = _____
13. 1 x 4 = _____
14. 0 x 10 = _____
15. 0 x 2 = _____
16. 1 x 3 = _____
17. 0 x 7 = _____
18. 1 x 12 = _____
19. 1 x 6 = _____
20. 0 x 1 = _____
21. 0 x 9 = _____
22. 1 x 0 = _____
23. 1 x 8 = _____
24. 1 x 1 = _____
25. 0 x 6 = _____
26. 1 x 2 = _____
27. 0 x 11 = _____
28. 0 x 5 = _____
29. 1 x 9 = _____
30. 1 x 10 = _____
31. 0 x 8 = _____
32. 1 x 4 = _____
33. 0 x 3 = _____
34. 1 x 5 = _____
35. 1 x 7 = _____
36. 0 x 0 = _____

2 Times Table

2 x 0 = 0
2 x 1 = 2
2 x 2 = 4
2 x 3 = 6
2 x 4 = 8
2 x 5 = 10
2 x 6 = 12
2 x 7 = 14
2 x 8 = 16
2 x 9 = 18
2 x 10 = 20
2 x 11 = 22
2 x 12 = 24

X	0	1	2	3	4	5	6	7	8	9	10	11	12
0	0	0	0	0	0	0	0	0	0	0	0	0	0
1	0	1	2	3	4	5	6	7	8	9	10	11	12
2	0	2	4	6	8	10	12	14	16	18	20	22	24
3	0	3	6	9	12	15	18	21	24	27	30	33	36
4	0	4	8	12	16	20	24	28	32	36	40	44	48
5	0	5	10	15	20	25	30	35	40	45	50	55	60
6	0	6	12	18	24	30	36	42	48	54	60	66	72
7	0	7	14	21	28	35	42	49	56	63	70	77	84
8	0	8	16	24	32	40	48	56	64	72	80	88	96
9	0	9	18	27	36	45	54	63	72	81	90	99	108
10	0	10	20	30	40	50	60	70	80	90	100	110	120
11	0	11	22	33	44	55	66	77	88	99	110	121	132
12	0	12	24	36	48	60	72	84	96	108	120	132	144

Name: ____________________ **2 x** Date: __________ Score: ______

1. $\begin{array}{r} 2 \\ \times\ 0 \\ \hline \end{array}$	2. $\begin{array}{r} 2 \\ \times\ 1 \\ \hline \end{array}$	3. $\begin{array}{r} 2 \\ \times\ 2 \\ \hline \end{array}$	4. $\begin{array}{r} 2 \\ \times\ 3 \\ \hline \end{array}$
5. $\begin{array}{r} 2 \\ \times\ 4 \\ \hline \end{array}$	6. $\begin{array}{r} 2 \\ \times\ 5 \\ \hline \end{array}$	7. $\begin{array}{r} 2 \\ \times\ 6 \\ \hline \end{array}$	8. $\begin{array}{r} 2 \\ \times\ 7 \\ \hline \end{array}$
9. $\begin{array}{r} 2 \\ \times\ 8 \\ \hline \end{array}$	10. $\begin{array}{r} 2 \\ \times\ 9 \\ \hline \end{array}$	11. $\begin{array}{r} 2 \\ \times 10 \\ \hline \end{array}$	12. $\begin{array}{r} 2 \\ \times 11 \\ \hline \end{array}$
13. $\begin{array}{r} 2 \\ \times 12 \\ \hline \end{array}$			

Name: ______________________

2 x

Date: __________ Score: _______

1. $\begin{array}{r} 2 \\ \times\ 5 \\ \hline \end{array}$	2. $\begin{array}{r} 2 \\ \times\ 3 \\ \hline \end{array}$	3. $\begin{array}{r} 2 \\ \times\ 9 \\ \hline \end{array}$	4. $\begin{array}{r} 2 \\ \times\ 1 \\ \hline \end{array}$
5. $\begin{array}{r} 2 \\ \times\ 7 \\ \hline \end{array}$	6. $\begin{array}{r} 2 \\ \times\ 4 \\ \hline \end{array}$	7. $\begin{array}{r} 2 \\ \times 12 \\ \hline \end{array}$	8. $\begin{array}{r} 2 \\ \times\ 2 \\ \hline \end{array}$
9. $\begin{array}{r} 2 \\ \times\ 0 \\ \hline \end{array}$	10. $\begin{array}{r} 2 \\ \times 11 \\ \hline \end{array}$	11. $\begin{array}{r} 2 \\ \times\ 6 \\ \hline \end{array}$	12. $\begin{array}{r} 2 \\ \times\ 8 \\ \hline \end{array}$
13. $\begin{array}{r} 2 \\ \times 10 \\ \hline \end{array}$	14. $\begin{array}{r} 2 \\ \times\ 7 \\ \hline \end{array}$	15. $\begin{array}{r} 2 \\ \times\ 9 \\ \hline \end{array}$	16. $\begin{array}{r} 2 \\ \times\ 4 \\ \hline \end{array}$

Name: ______________________ **2 x** Date: __________ Score: ______

1. 2 x 4 = ____
2. 2 x 1 = ____
3. 2 x 9 = ____
4. 2 x 10 = ____
5. 2 x 2 = ____
6. 2 x 6 = ____
7. 2 x 8 = ____
8. 2 x 5 = ____
9. 2 x 12 = ____
10. 2 x 3 = ____
11. 2 x 7 = ____
12. 2 x 11 = ____
13. 2 x 0 = ____
14. 2 x 6 = ____
15. 2 x 5 = ____
16. 2 x 7 = ____
17. 2 x 3 = ____
18. 2 x 4 = ____
19. 2 x 9 = ____
20. 2 x 11 = ____
21. 2 x 2 = ____
22. 2 x 1 = ____
23. 2 x 8 = ____
24. 2 x 10 = ____
25. 2 x 12 = ____
26. 2 x 2 = ____
27. 2 x 4 = ____
28. 2 x 8 = ____
29. 2 x 6 = ____
30. 2 x 11 = ____
31. 2 x 7 = ____
32. 2 x 3 = ____
33. 2 x 9 = ____
34. 2 x 0 = ____
35. 2 x 1 = ____
36. 2 x 5 = ____

Name: ____________________

2 x

Date: __________ Score: ________

1. 2 x 7 = ____
2. 2 x 11 = ____
3. 2 x 3 = ____
4. 2 x 0 = ____
5. 2 x 1 = ____
6. 2 x 5 = ____
7. 2 x 10 = ____
8. 2 x 2 = ____
9. 2 x 4 = ____
10. 2 x 8 = ____
11. 2 x 6 = ____
12. 2 x 3 = ____
13. 2 x 9 = ____
14. 2 x 4 = ____
15. 2 x 12 = ____
16. 2 x 1 = ____
17. 2 x 8 = ____
18. 2 x 0 = ____
19. 2 x 6 = ____
20. 2 x 5 = ____
21. 2 x 7 = ____
22. 2 x 11 = ____
23. 2 x 3 = ____
24. 2 x 2 = ____
25. 2 x 12 = ____
26. 2 x 8 = ____
27. 2 x 0 = ____
28. 2 x 3 = ____
29. 2 x 7 = ____
30. 2 x 10 = ____
31. 2 x 4 = ____
32. 2 x 1 = ____
33. 2 x 6 = ____
34. 2 x 2 = ____
35. 2 x 9 = ____
36. 2 x 8 = ____

Name: ______________________ # 2 x Date: __________ Score: ________

Complete the circle by multiplying the numbers with the center number. The first one has been done for you.

1.
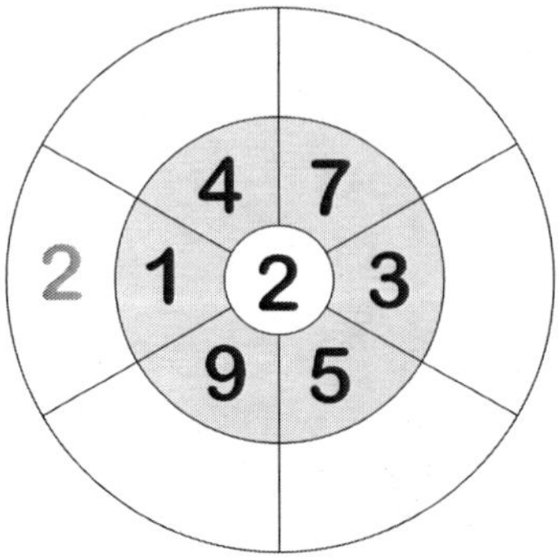

2.
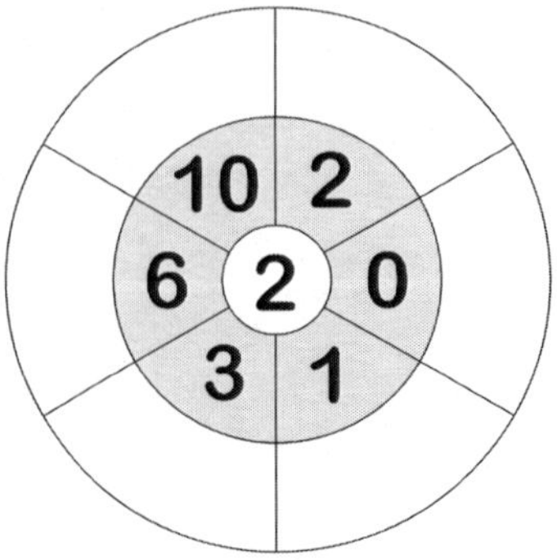

3.
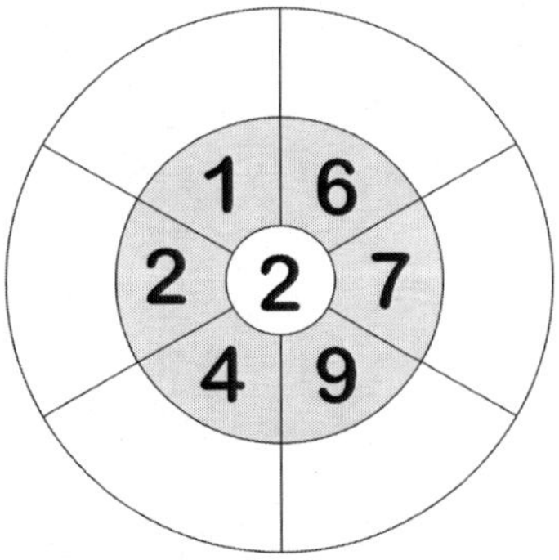

4.
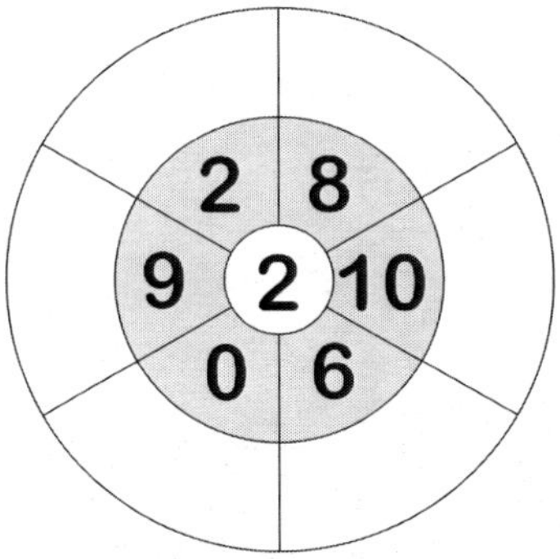

5.
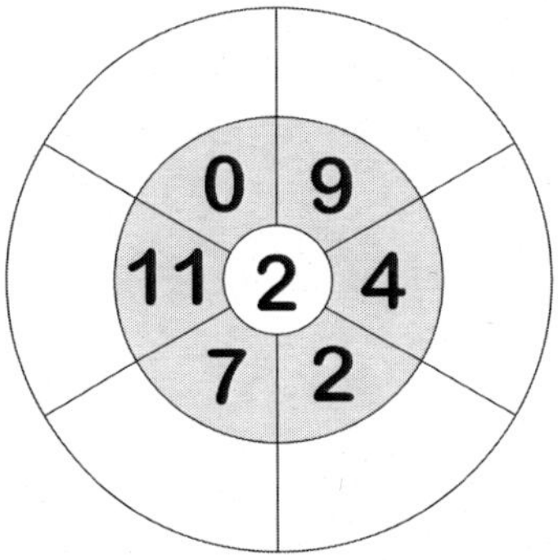

6.
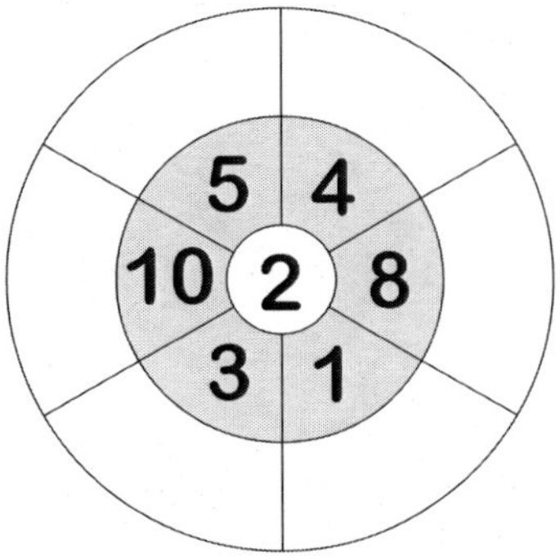

7.
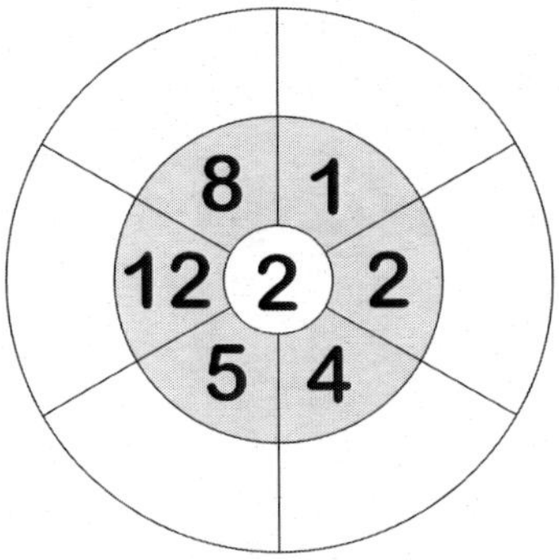

8.
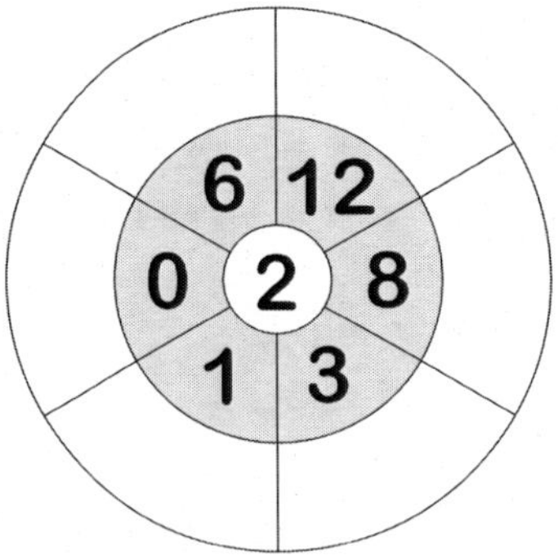

9.
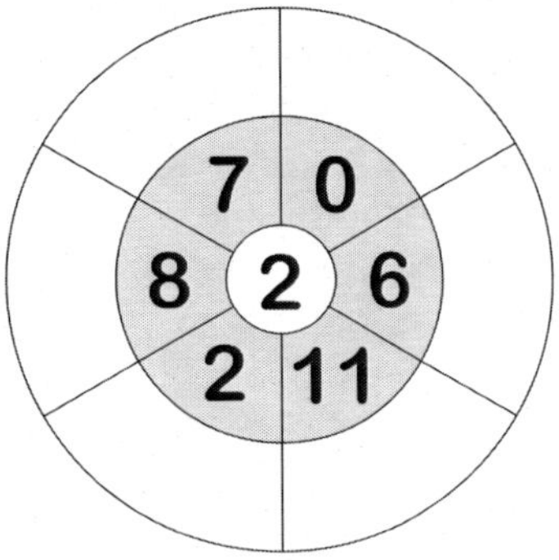

Name: ____________________

2 x

Date: __________ Score: ________

Complete the circle by multiplying the numbers with the center number.

1. Center: 2 — 6, 1, 4, 10, 2, 0

2. Center: 2 — 9, 3, 5, 7, 1, 2

3. Center: 2 — 3, 12, 8, 5, 2, 6

4. Center: 2 — 5, 3, 7, 4, 11, 8

5. Center: 2 — 6, 2, 9, 1, 5, 12

6. Center: 2 — 3, 7, 0, 4, 10, 6

7. Center: 2 — 9, 2, 1, 8, 4, 10

8. Center: 2 — 3, 11, 5, 0, 7, 6

9. Center: 2 — 1, 3, 9, 12, 8, 2

Name: ______________________

1x - 2x

Date: __________ Score: ________

1. 1 x 3 = _____
2. 2 x 8 = _____
3. 1 x 8 = _____
4. 1 x 0 = _____
5. 2 x 7 = _____
6. 1 x 4 = _____
7. 2 x 11 = _____
8. 2 x 9 = _____
9. 1 x 6 = _____
10. 1 x 12 = _____
11. 2 x 2 = _____
12. 1 x 5 = _____
13. 2 x 4 = _____
14. 1 x 10 = _____
15. 1 x 2 = _____
16. 2 x 3 = _____
17. 1 x 7 = _____
18. 2 x 12 = _____
19. 2 x 6 = _____
20. 1 x 1 = _____
21. 1 x 9 = _____
22. 2 x 0 = _____
23. 2 x 8 = _____
24. 2 x 1 = _____
25. 1 x 6 = _____
26. 2 x 2 = _____
27. 1 x 11 = _____
28. 1 x 5 = _____
29. 2 x 9 = _____
30. 2 x 10 = _____
31. 1 x 8 = _____
32. 2 x 4 = _____
33. 1 x 3 = _____
34. 2 x 5 = _____
35. 2 x 7 = _____
36. 1 x 0 = _____

3 Times Table

3 x 0 = 0
3 x 1 = 3
3 x 2 = 6
3 x 3 = 9
3 x 4 = 12
3 x 5 = 15
3 x 6 = 18
3 x 7 = 21
3 x 8 = 24
3 x 9 = 27
3 x 10 = 30
3 x 11 = 33
3 x 12 = 36

X	0	1	2	3	4	5	6	7	8	9	10	11	12
0	0	0	0	0	0	0	0	0	0	0	0	0	0
1	0	1	2	3	4	5	6	7	8	9	10	11	12
2	0	2	4	6	8	10	12	14	16	18	20	22	24
3	0	3	6	9	12	15	18	21	24	27	30	33	36
4	0	4	8	12	16	20	24	28	32	36	40	44	48
5	0	5	10	15	20	25	30	35	40	45	50	55	60
6	0	6	12	18	24	30	36	42	48	54	60	66	72
7	0	7	14	21	28	35	42	49	56	63	70	77	84
8	0	8	16	24	32	40	48	56	64	72	80	88	96
9	0	9	18	27	36	45	54	63	72	81	90	99	108
10	0	10	20	30	40	50	60	70	80	90	100	110	120
11	0	11	22	33	44	55	66	77	88	99	110	121	132
12	0	12	24	36	48	60	72	84	96	108	120	132	144

Name: ______________________ # 3 x Date: __________ Score: _______

1. $3 \times 0 =$ ___	2. $3 \times 1 =$ ___	3. $3 \times 2 =$ ___	4. $3 \times 3 =$ ___
5. $3 \times 4 =$ ___	6. $3 \times 5 =$ ___	7. $3 \times 6 =$ ___	8. $3 \times 7 =$ ___
9. $3 \times 8 =$ ___	10. $3 \times 9 =$ ___	11. $3 \times 10 =$ ___	12. $3 \times 11 =$ ___
13. $3 \times 12 =$ ___			

Name: ______________________ # 3 x Date: __________ Score: ______

1. 3×5 = ___	2. 3×3 = ___	3. 3×9 = ___	4. 3×1 = ___
5. 3×7 = ___	6. 3×4 = ___	7. 3×12 = ___	8. 3×2 = ___
9. 3×0 = ___	10. 3×11 = ___	11. 3×6 = ___	12. 3×8 = ___
13. 3×10 = ___	14. 3×7 = ___	15. 3×9 = ___	16. 3×4 = ___

Name: ______________________ **3 x** Date: __________ Score: _______

1. 3 x 4 = ____
2. 3 x 1 = ____
3. 3 x 9 = ____
4. 3 x 10 = ____
5. 3 x 2 = ____
6. 3 x 6 = ____
7. 3 x 8 = ____
8. 3 x 5 = ____
9. 3 x 12 = ____
10. 3 x 3 = ____
11. 3 x 7 = ____
12. 3 x 11 = ____
13. 3 x 0 = ____
14. 3 x 6 = ____
15. 3 x 5 = ____
16. 3 x 7 = ____
17. 3 x 3 = ____
18. 3 x 4 = ____
19. 1 x 9 = ____
20. 3 x 11 = ____
21. 3 x 2 = ____
22. 3 x 1 = ____
23. 3 x 8 = ____
24. 3 x 10 = ____
25. 3 x 12 = ____
26. 3 x 2 = ____
27. 3 x 4 = ____
28. 3 x 8 = ____
29. 3 x 6 = ____
30. 3 x 11 = ____
31. 3 x 7 = ____
32. 3 x 3 = ____
33. 3 x 9 = ____
34. 3 x 0 = ____
35. 3 x 1 = ____
36. 3 x 5 = ____

Name: ____________________ **3 x** Date: __________ Score: ________

1. 3 x 7 = ____
2. 3 x 11 = ____
3. 3 x 3 = ____
4. 3 x 0 = ____
5. 3 x 1 = ____
6. 3 x 5 = ____
7. 3 x 10 = ____
8. 3 x 2 = ____
9. 3 x 4 = ____
10. 3 x 8 = ____
11. 3 x 6 = ____
12. 3 x 3 = ____
13. 3 x 9 = ____
14. 3 x 4 = ____
15. 3 x 12 = ____
16. 3 x 1 = ____
17. 3 x 8 = ____
18. 3 x 0 = ____
19. 3 x 6 = ____
20. 3 x 5 = ____
21. 3 x 7 = ____
22. 3 x 11 = ____
23. 3 x 3 = ____
24. 3 x 2 = ____
25. 3 x 12 = ____
26. 3 x 8 = ____
27. 3 x 0 = ____
28. 3 x 3 = ____
29. 3 x 7 = ____
30. 3 x 10 = ____
31. 3 x 4 = ____
32. 3 x 1 = ____
33. 3 x 6 = ____
34. 3 x 2 = ____
35. 3 x 9 = ____
36. 3 x 8 = ____

Name: ______________________ # 3 x Date: __________ Score: _______

Complete the circle by multiplying the numbers with the center number. The first one has been done for you.

1.
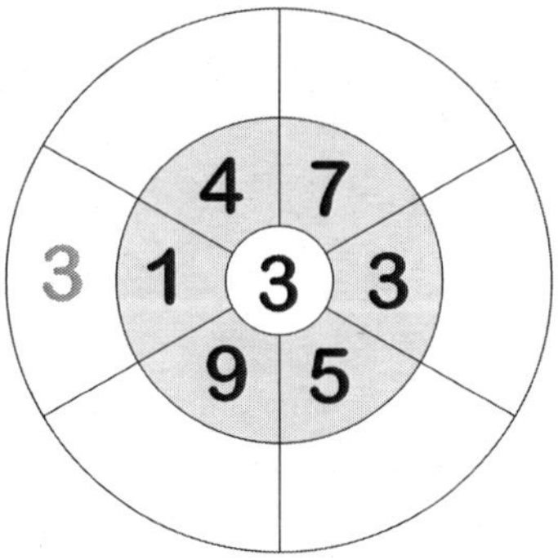

2.
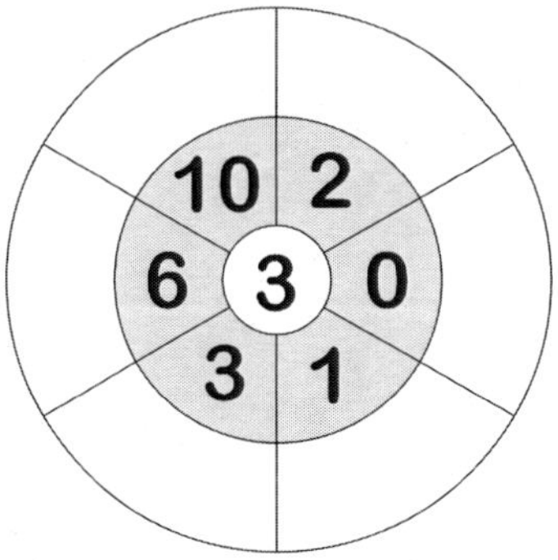

3.
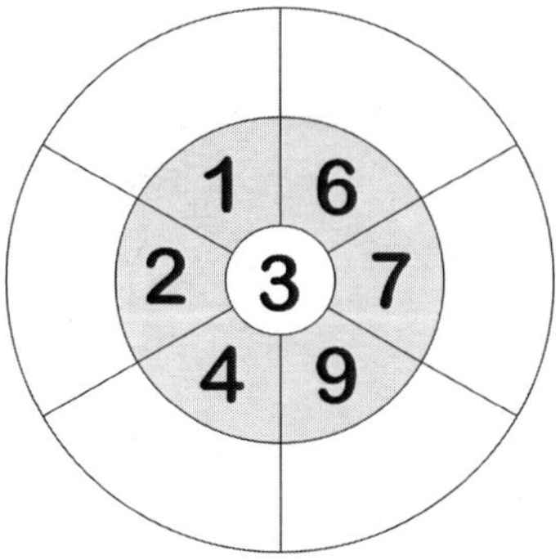

4.
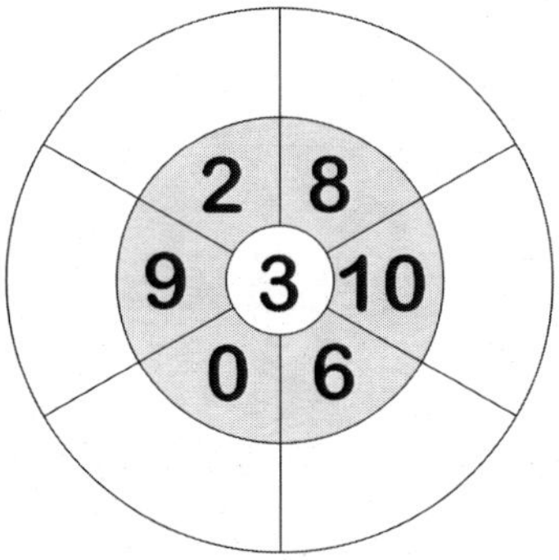

5.
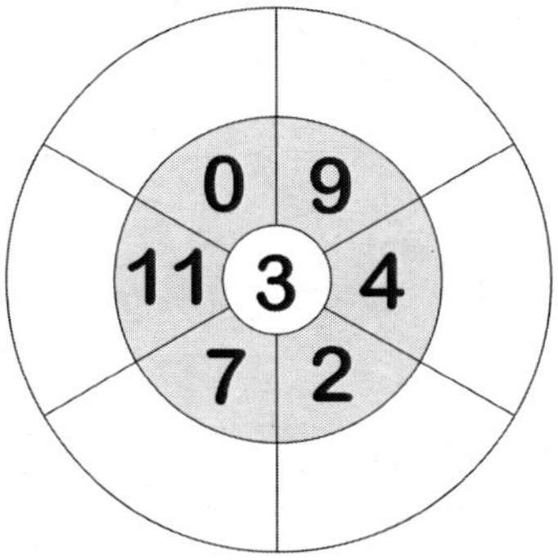

6.
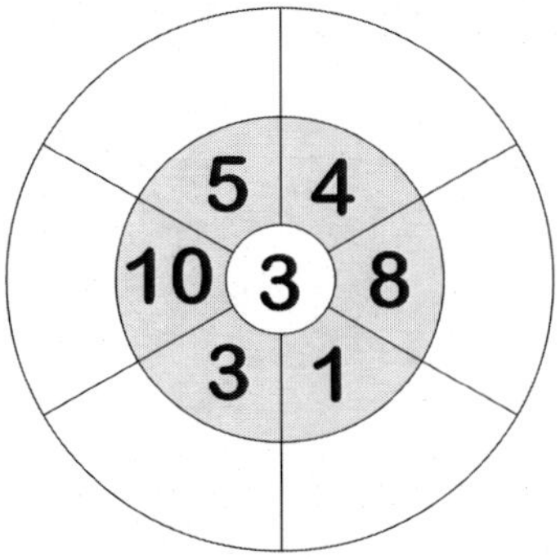

7.
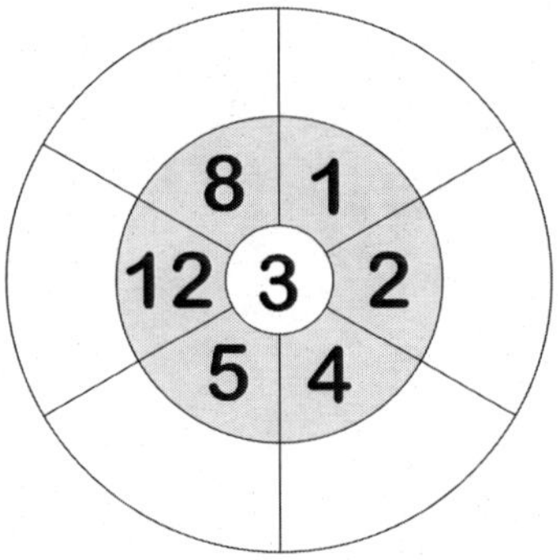

8.
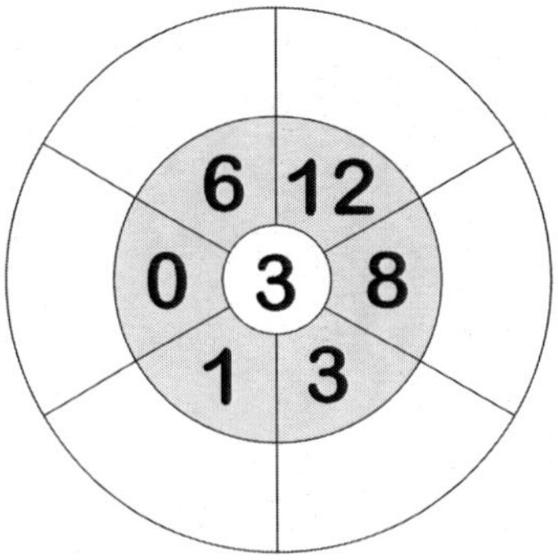

9.
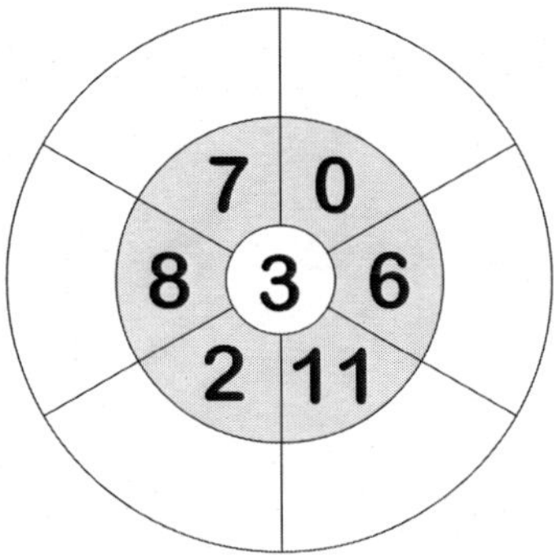

Name: ____________________

3 x

Date: __________ Score: ________

Complete the circle by multiplying the numbers with the center number.

1. Center: 3 — 6, 1, 4, 10, 2, 0

2. Center: 3 — 9, 3, 5, 7, 1, 2

3. Center: 3 — 3, 12, 8, 5, 2, 6

4. Center: 3 — 5, 3, 7, 4, 11, 8

5. Center: 3 — 6, 2, 9, 1, 5, 12

6. Center: 3 — 3, 7, 0, 4, 10, 6

7. Center: 3 — 9, 2, 1, 8, 4, 10

8. Center: 3 — 3, 11, 5, 0, 7, 6

9. Center: 3 — 1, 3, 9, 12, 8, 2

Name: ____________________

2x - 3x

Date: __________ Score: ______

1. 2 x 3 = _____
2. 3 x 8 = _____
3. 2 x 8 = _____
4. 2 x 0 = _____
5. 3 x 7 = _____
6. 2 x 4 = _____
7. 3 x 11 = _____
8. 3 x 9 = _____
9. 2 x 6 = _____
10. 2 x 12 = _____
11. 3 x 2 = _____
12. 2 x 5 = _____
13. 3 x 4 = _____
14. 2 x 10 = _____
15. 2 x 2 = _____
16. 3 x 3 = _____
17. 2 x 7 = _____
18. 3 x 12 = _____
19. 3 x 6 = _____
20. 2 x 1 = _____
21. 2 x 9 = _____
22. 3 x 0 = _____
23. 3 x 8 = _____
24. 3 x 1 = _____
25. 2 x 6 = _____
26. 3 x 2 = _____
27. 2 x 11 = _____
28. 2 x 5 = _____
29. 3 x 9 = _____
30. 3 x 10 = _____
31. 2 x 8 = _____
32. 3 x 4 = _____
33. 2 x 3 = _____
34. 3 x 5 = _____
35. 3 x 7 = _____
36. 2 x 0 = _____

4 Times Table

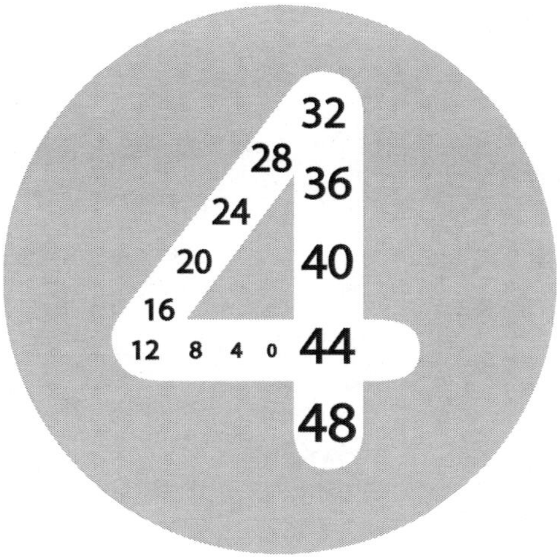

4 x 0 = 0
4 x 1 = 4
4 x 2 = 8
4 x 3 = 12
4 x 4 = 16
4 x 5 = 20
4 x 6 = 24
4 x 7 = 28
4 x 8 = 32
4 x 9 = 36
4 x 10 = 40
4 x 11 = 44
4 x 12 = 48

X	0	1	2	3	4	5	6	7	8	9	10	11	12
0	0	0	0	0	0	0	0	0	0	0	0	0	0
1	0	1	2	3	4	5	6	7	8	9	10	11	12
2	0	2	4	6	8	10	12	14	16	18	20	22	24
3	0	3	6	9	12	15	18	21	24	27	30	33	36
4	0	4	8	12	16	20	24	28	32	36	40	44	48
5	0	5	10	15	20	25	30	35	40	45	50	55	60
6	0	6	12	18	24	30	36	42	48	54	60	66	72
7	0	7	14	21	28	35	42	49	56	63	70	77	84
8	0	8	16	24	32	40	48	56	64	72	80	88	96
9	0	9	18	27	36	45	54	63	72	81	90	99	108
10	0	10	20	30	40	50	60	70	80	90	100	110	120
11	0	11	22	33	44	55	66	77	88	99	110	121	132
12	0	12	24	36	48	60	72	84	96	108	120	132	144

Name: ______________________ **4 x** Date: __________ Score: _______

1. $\begin{array}{r} 4 \\ \times\ 0 \\ \hline \end{array}$

2. $\begin{array}{r} 4 \\ \times\ 1 \\ \hline \end{array}$

3. $\begin{array}{r} 4 \\ \times\ 2 \\ \hline \end{array}$

4. $\begin{array}{r} 4 \\ \times\ 3 \\ \hline \end{array}$

5. $\begin{array}{r} 4 \\ \times\ 4 \\ \hline \end{array}$

6. $\begin{array}{r} 4 \\ \times\ 5 \\ \hline \end{array}$

7. $\begin{array}{r} 4 \\ \times\ 6 \\ \hline \end{array}$

8. $\begin{array}{r} 4 \\ \times\ 7 \\ \hline \end{array}$

9. $\begin{array}{r} 4 \\ \times\ 8 \\ \hline \end{array}$

10. $\begin{array}{r} 4 \\ \times\ 9 \\ \hline \end{array}$

11. $\begin{array}{r} 4 \\ \times 10 \\ \hline \end{array}$

12. $\begin{array}{r} 4 \\ \times 11 \\ \hline \end{array}$

13. $\begin{array}{r} 4 \\ \times 12 \\ \hline \end{array}$

Name: ____________________

4 x

Date: __________ Score: _______

1. 4×5	2. 4×3	3. 4×9	4. 4×1
5. 4×7	6. 4×4	7. 4×12	8. 4×2
9. 4×0	10. 4×11	11. 4×6	12. 4×8
13. 4×10	14. 4×7	15. 4×9	16. 4×4

Name: ____________________

4 x

Date: __________ Score: _______

1. 4 x 4 = _____
2. 4 x 1 = _____
3. 4 x 9 = _____
4. 4 x 10 = _____
5. 4 x 2 = _____
6. 4 x 6 = _____
7. 4 x 8 = _____
8. 4 x 5 = _____
9. 4 x 12 = _____
10. 4 x 3 = _____
11. 4 x 7 = _____
12. 4 x 11 = _____
13. 4 x 0 = _____
14. 4 x 6 = _____
15. 4 x 5 = _____
16. 4 x 7 = _____
17. 4 x 3 = _____
18. 4 x 4 = _____
19. 4 x 9 = _____
20. 4 x 11 = _____
21. 4 x 2 = _____
22. 4 x 1 = _____
23. 4 x 8 = _____
24. 4 x 10 = _____
25. 4 x 12 = _____
26. 4 x 2 = _____
27. 4 x 4 = _____
28. 4 x 8 = _____
29. 4 x 6 = _____
30. 4 x 11 = _____
31. 4 x 7 = _____
32. 4 x 3 = _____
33. 4 x 9 = _____
34. 4 x 0 = _____
35. 4 x 1 = _____
36. 4 x 5 = _____

Name: ______________________ **4 x** Date: __________ Score: ______

1. 4 x 7 = ____
2. 4 x 11 = ____
3. 4 x 3 = ____
4. 4 x 0 = ____
5. 4 x 1 = ____
6. 4 x 5 = ____
7. 4 x 10 = ____
8. 4 x 2 = ____
9. 4 x 4 = ____
10. 4 x 8 = ____
11. 4 x 6 = ____
12. 4 x 3 = ____
13. 4 x 9 = ____
14. 4 x 4 = ____
15. 4 x 12 = ____
16. 4 x 1 = ____
17. 4 x 8 = ____
18. 4 x 0 = ____
19. 4 x 6 = ____
20. 4 x 5 = ____
21. 4 x 7 = ____
22. 4 x 11 = ____
23. 4 x 3 = ____
24. 4 x 2 = ____
25. 4 x 12 = ____
26. 4 x 8 = ____
27. 4 x 0 = ____
28. 4 x 3 = ____
29. 4 x 7 = ____
30. 4 x 10 = ____
31. 4 x 4 = ____
32. 4 x 1 = ____
33. 4 x 6 = ____
34. 4 x 2 = ____
35. 4 x 9 = ____
36. 4 x 8 = ____

Name: ______________

4 x

Date: __________ Score: ________

Complete the circle by multiplying the numbers with the center number. The first one has been done for you.

1.

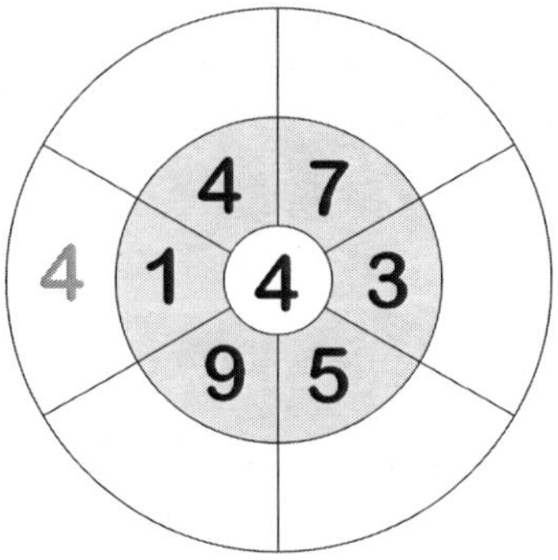

2.

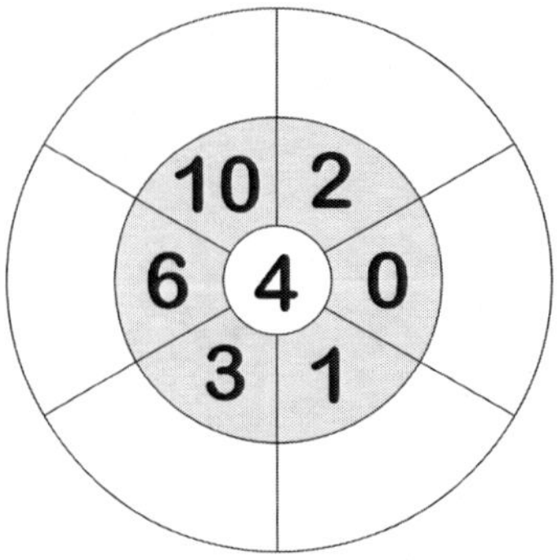

3.

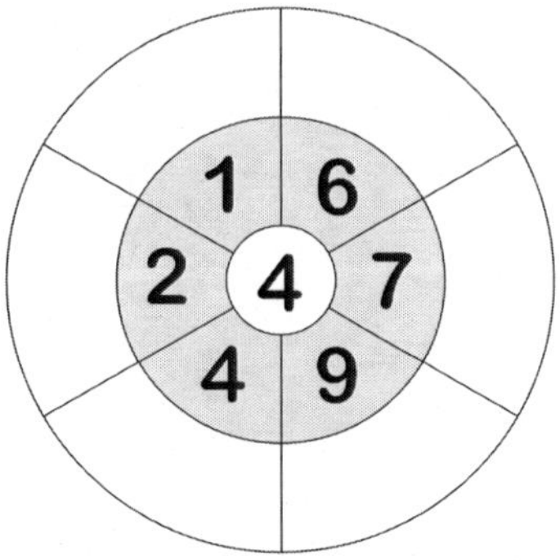

4.

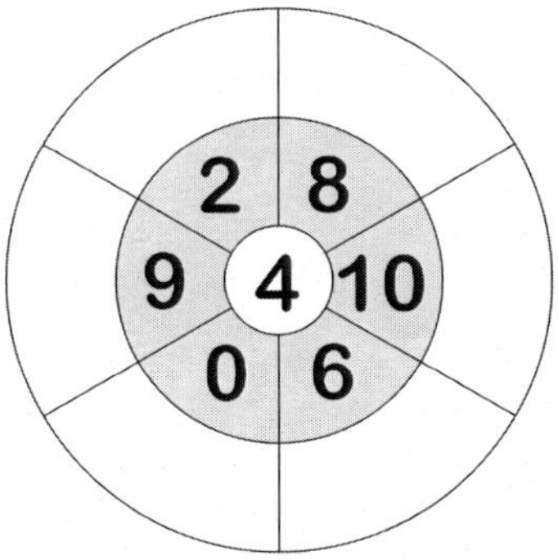

5.

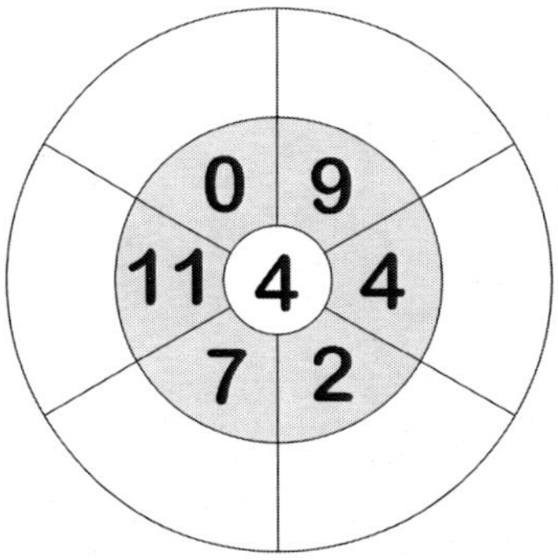

6.

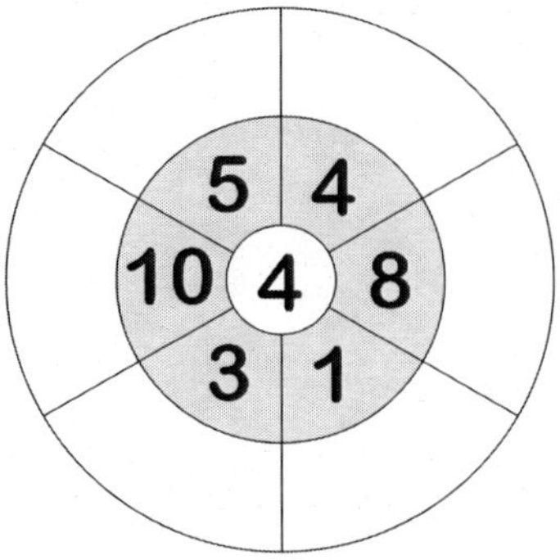

7.

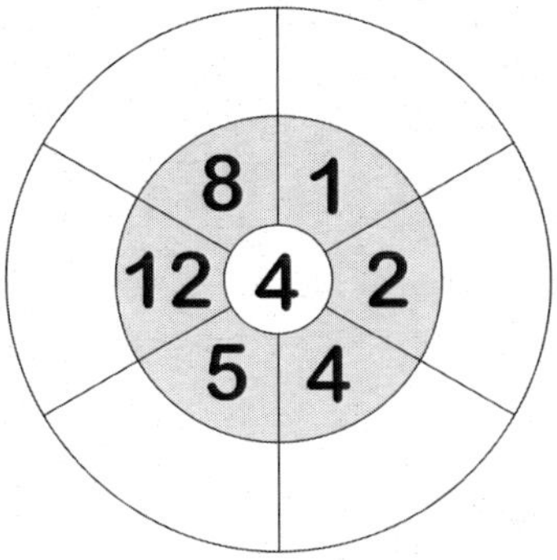

8.

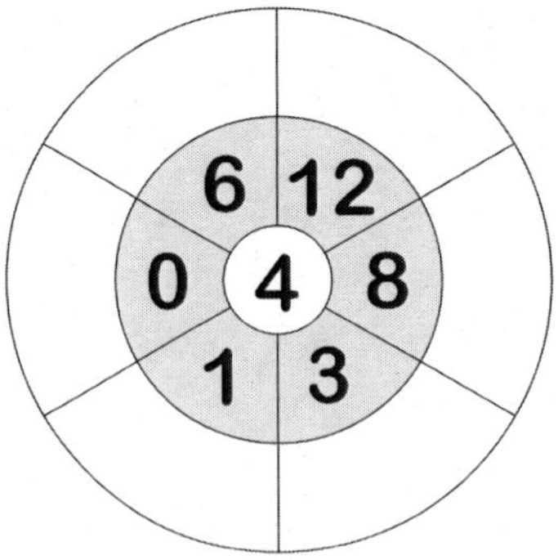

9.

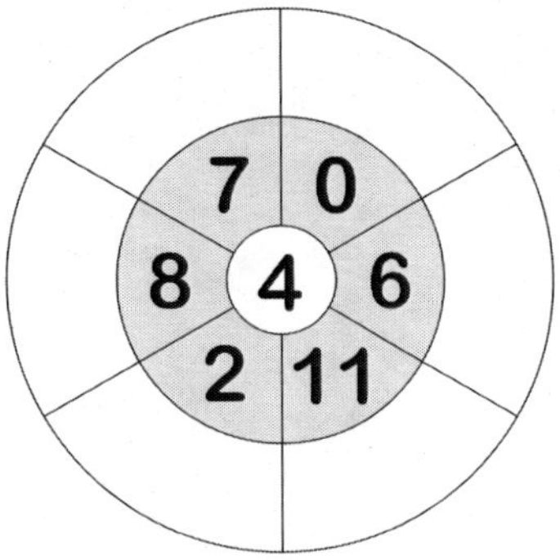

Name: ____________________

4 x

Date: __________ Score: ________

Complete the circle by multiplying the numbers with the center number.

1.

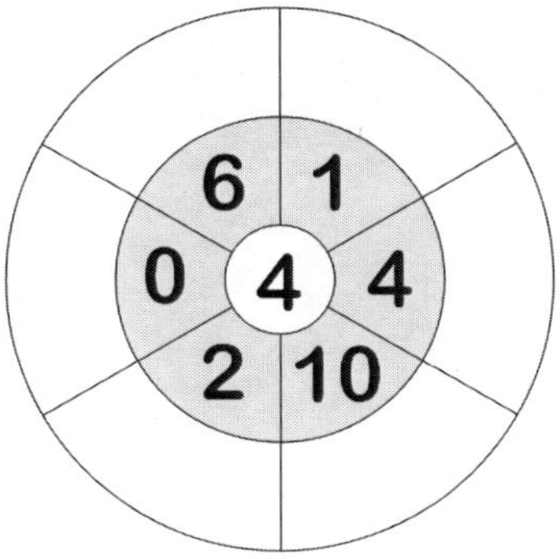

2.

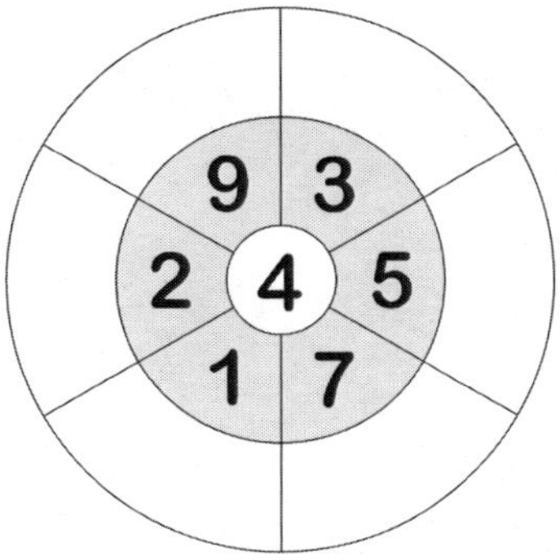

3.

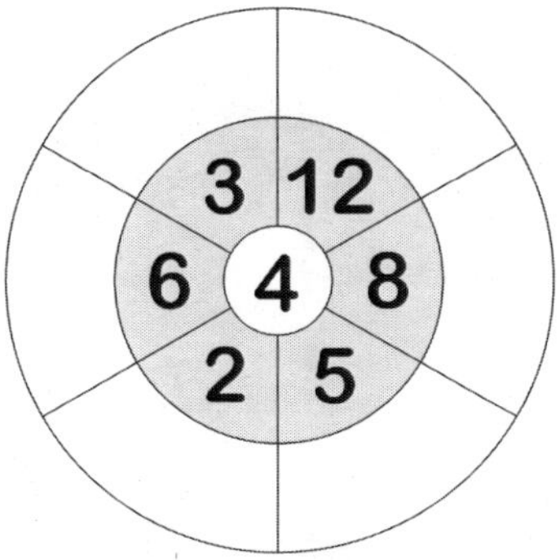

4.

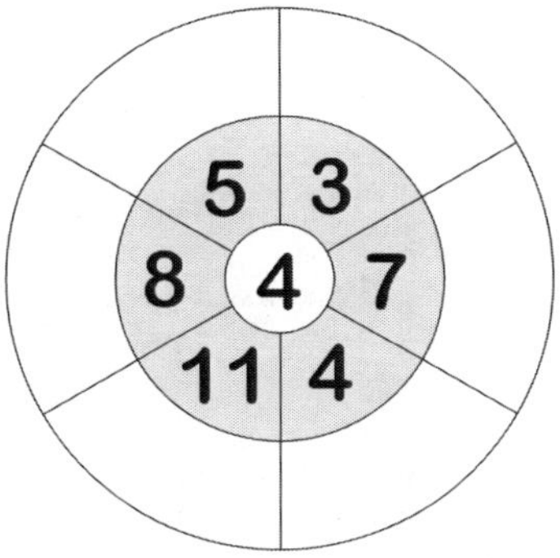

5.

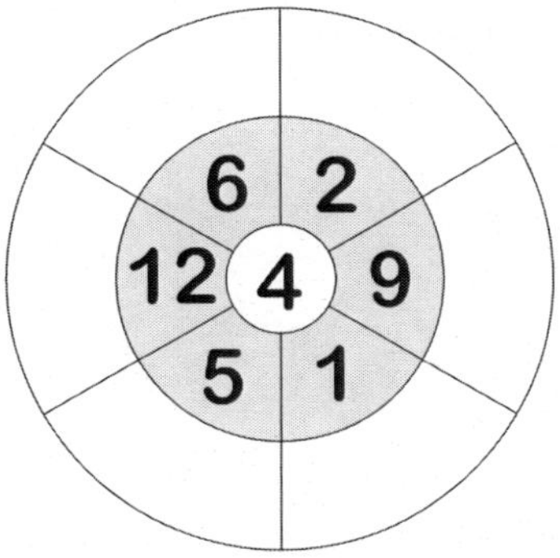

6.

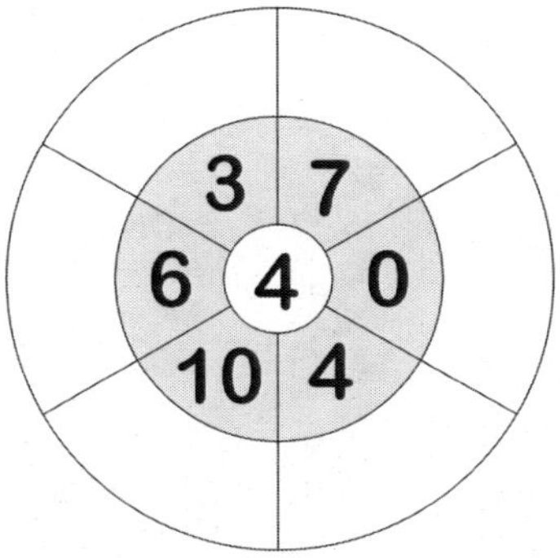

7.

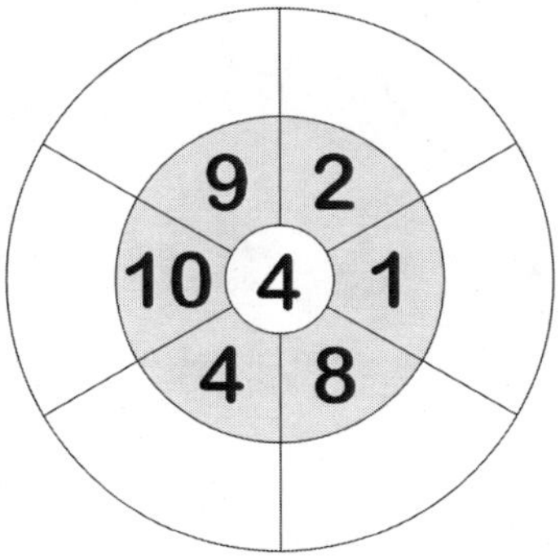

8.

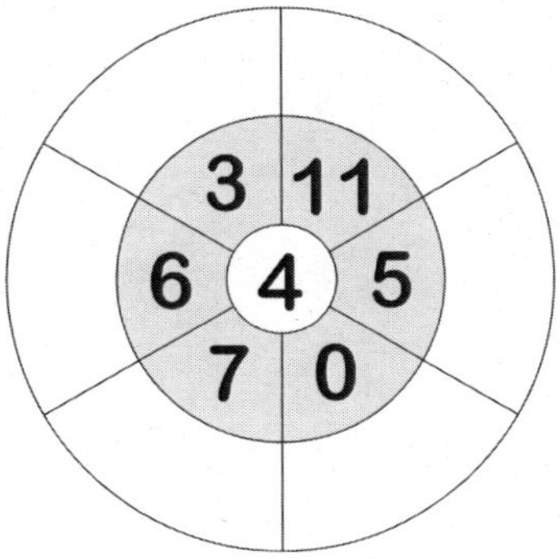

9.

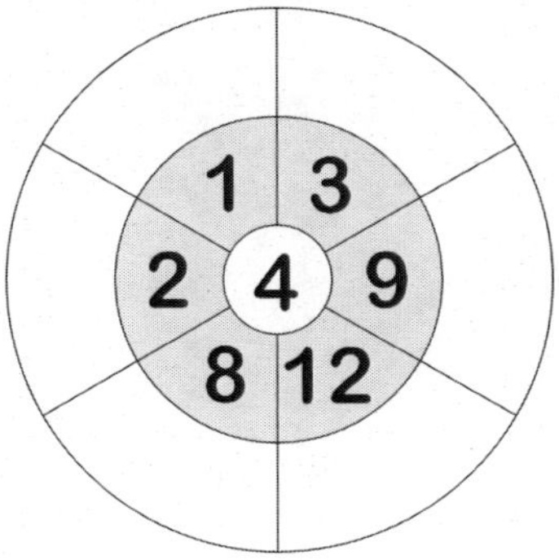

Name: ____________ **3x - 4x** Date: ________ Score: ______

1. 3 x 3 = ____
2. 4 x 8 = ____
3. 3 x 8 = ____
4. 3 x 0 = ____
5. 4 x 7 = ____
6. 3 x 4 = ____
7. 4 x 11 = ____
8. 4 x 9 = ____
9. 3 x 6 = ____
10. 3 x 12 = ____
11. 4 x 2 = ____
12. 3 x 5 = ____
13. 4 x 4 = ____
14. 3 x 10 = ____
15. 3 x 2 = ____
16. 4 x 3 = ____
17. 3 x 7 = ____
18. 4 x 12 = ____
19. 4 x 6 = ____
20. 3 x 1 = ____
21. 3 x 9 = ____
22. 4 x 0 = ____
23. 4 x 8 = ____
24. 4 x 1 = ____
25. 3 x 6 = ____
26. 4 x 2 = ____
27. 3 x 11 = ____
28. 3 x 5 = ____
29. 4 x 9 = ____
30. 4 x 10 = ____
31. 3 x 8 = ____
32. 4 x 4 = ____
33. 3 x 3 = ____
34. 4 x 5 = ____
35. 4 x 7 = ____
36. 3 x 0 = ____

5 Times Table

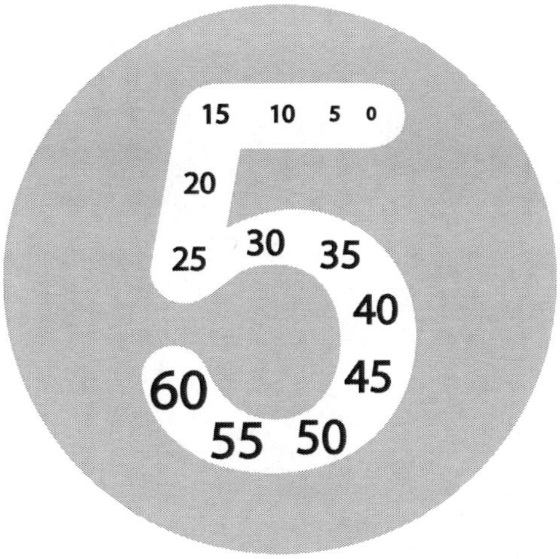

5 x 0 = 0
5 x 1 = 5
5 x 2 = 10
5 x 3 = 15
5 x 4 = 20
5 x 5 = 25
5 x 6 = 30
5 x 7 = 35
5 x 8 = 40
5 x 9 = 45
5 x 10 = 50
5 x 11 = 55
5 x 12 = 60

X	0	1	2	3	4	5	6	7	8	9	10	11	12
0	0	0	0	0	0	0	0	0	0	0	0	0	0
1	0	1	2	3	4	5	6	7	8	9	10	11	12
2	0	2	4	6	8	10	12	14	16	18	20	22	24
3	0	3	6	9	12	15	18	21	24	27	30	33	36
4	0	4	8	12	16	20	24	28	32	36	40	44	48
5	0	5	10	15	20	25	30	35	40	45	50	55	60
6	0	6	12	18	24	30	36	42	48	54	60	66	72
7	0	7	14	21	28	35	42	49	56	63	70	77	84
8	0	8	16	24	32	40	48	56	64	72	80	88	96
9	0	9	18	27	36	45	54	63	72	81	90	99	108
10	0	10	20	30	40	50	60	70	80	90	100	110	120
11	0	11	22	33	44	55	66	77	88	99	110	121	132
12	0	12	24	36	48	60	72	84	96	108	120	132	144

Name: ____________________

5 x

Date: __________ Score: ______

1. $\begin{array}{r} 5 \\ \times\ 0 \\ \hline \end{array}$

2. $\begin{array}{r} 5 \\ \times\ 1 \\ \hline \end{array}$

3. $\begin{array}{r} 5 \\ \times\ 2 \\ \hline \end{array}$

4. $\begin{array}{r} 5 \\ \times\ 3 \\ \hline \end{array}$

5. $\begin{array}{r} 5 \\ \times\ 4 \\ \hline \end{array}$

6. $\begin{array}{r} 5 \\ \times\ 5 \\ \hline \end{array}$

7. $\begin{array}{r} 5 \\ \times\ 6 \\ \hline \end{array}$

8. $\begin{array}{r} 5 \\ \times\ 7 \\ \hline \end{array}$

9. $\begin{array}{r} 5 \\ \times\ 8 \\ \hline \end{array}$

10. $\begin{array}{r} 5 \\ \times\ 9 \\ \hline \end{array}$

11. $\begin{array}{r} 5 \\ \times 10 \\ \hline \end{array}$

12. $\begin{array}{r} 5 \\ \times 11 \\ \hline \end{array}$

13. $\begin{array}{r} 5 \\ \times 12 \\ \hline \end{array}$

Name: ____________________ **5 x** Date: __________ Score: ______

1. $\begin{array}{r} 5 \\ \times\ 5 \\ \hline \end{array}$

2. $\begin{array}{r} 5 \\ \times\ 3 \\ \hline \end{array}$

3. $\begin{array}{r} 5 \\ \times\ 9 \\ \hline \end{array}$

4. $\begin{array}{r} 5 \\ \times\ 1 \\ \hline \end{array}$

5. $\begin{array}{r} 5 \\ \times\ 7 \\ \hline \end{array}$

6. $\begin{array}{r} 5 \\ \times\ 4 \\ \hline \end{array}$

7. $\begin{array}{r} 5 \\ \times 12 \\ \hline \end{array}$

8. $\begin{array}{r} 5 \\ \times\ 2 \\ \hline \end{array}$

9. $\begin{array}{r} 5 \\ \times\ 0 \\ \hline \end{array}$

10. $\begin{array}{r} 5 \\ \times 11 \\ \hline \end{array}$

11. $\begin{array}{r} 5 \\ \times\ 6 \\ \hline \end{array}$

12. $\begin{array}{r} 5 \\ \times\ 8 \\ \hline \end{array}$

13. $\begin{array}{r} 5 \\ \times 10 \\ \hline \end{array}$

14. $\begin{array}{r} 5 \\ \times\ 7 \\ \hline \end{array}$

15. $\begin{array}{r} 5 \\ \times\ 9 \\ \hline \end{array}$

16. $\begin{array}{r} 5 \\ \times\ 4 \\ \hline \end{array}$

Name: ______________________ **5 x** Date: __________ Score: _______

1. 5 x 4 = _____
2. 5 x 1 = _____
3. 5 x 9 = _____
4. 5 x 10 = _____
5. 5 x 2 = _____
6. 5 x 6 = _____
7. 5 x 8 = _____
8. 5 x 5 = _____
9. 5 x 12 = _____
10. 5 x 3 = _____
11. 5 x 7 = _____
12. 5 x 11 = _____
13. 5 x 0 = _____
14. 5 x 6 = _____
15. 5 x 5 = _____
16. 5 x 7 = _____
17. 5 x 3 = _____
18. 5 x 4 = _____
19. 5 x 9 = _____
20. 5 x 11 = _____
21. 5 x 2 = _____
22. 5 x 1 = _____
23. 5 x 8 = _____
24. 5 x 10 = _____
25. 5 x 12 = _____
26. 5 x 2 = _____
27. 5 x 4 = _____
28. 5 x 8 = _____
29. 5 x 6 = _____
30. 5 x 11 = _____
31. 5 x 7 = _____
32. 5 x 3 = _____
33. 5 x 9 = _____
34. 5 x 0 = _____
35. 5 x 1 = _____
36. 5 x 5 = _____

Name: ____________________

5 x

Date: __________ Score: ________

1. 5 x 7 = ____
2. 5 x 11 = ____
3. 5 x 3 = ____
4. 5 x 0 = ____
5. 5 x 1 = ____
6. 5 x 5 = ____
7. 5 x 10 = ____
8. 5 x 2 = ____
9. 5 x 4 = ____
10. 5 x 8 = ____
11. 5 x 6 = ____
12. 5 x 3 = ____
13. 5 x 9 = ____
14. 5 x 4 = ____
15. 5 x 12 = ____
16. 5 x 1 = ____
17. 5 x 8 = ____
18. 5 x 0 = ____
19. 5 x 6 = ____
20. 5 x 5 = ____
21. 5 x 7 = ____
22. 5 x 11 = ____
23. 5 x 3 = ____
24. 5 x 2 = ____
25. 5 x 12 = ____
26. 5 x 8 = ____
27. 5 x 0 = ____
28. 5 x 3 = ____
29. 5 x 7 = ____
30. 5 x 10 = ____
31. 5 x 4 = ____
32. 5 x 1 = ____
33. 5 x 6 = ____
34. 5 x 2 = ____
35. 5 x 9 = ____
36. 5 x 8 = ____

Name: ______________________ **5 x** Date: __________ Score: ______

Complete the circle by multiplying the numbers with the center number. The first one has been done for you.

1.

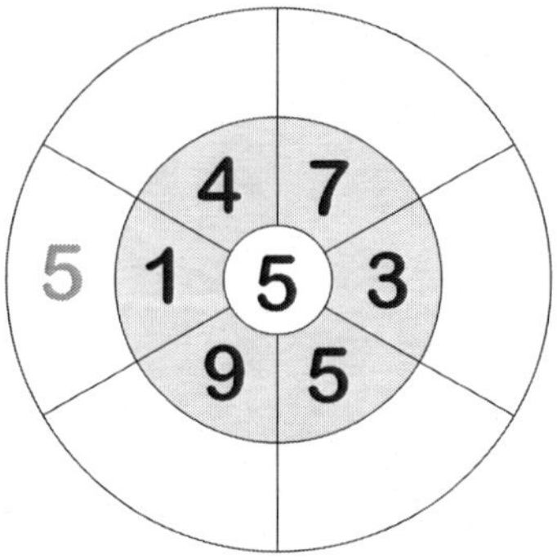

2.

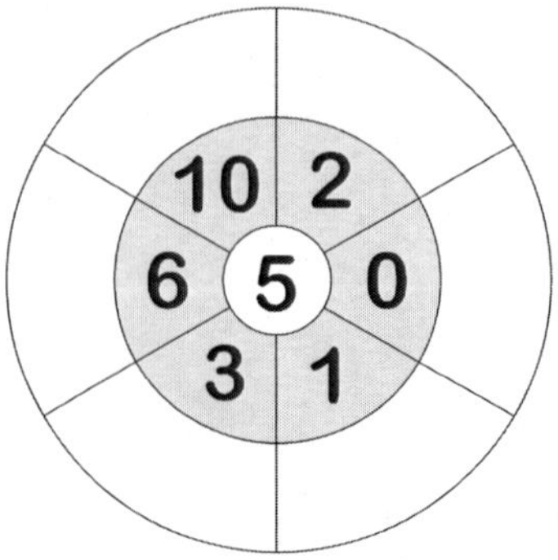

3.

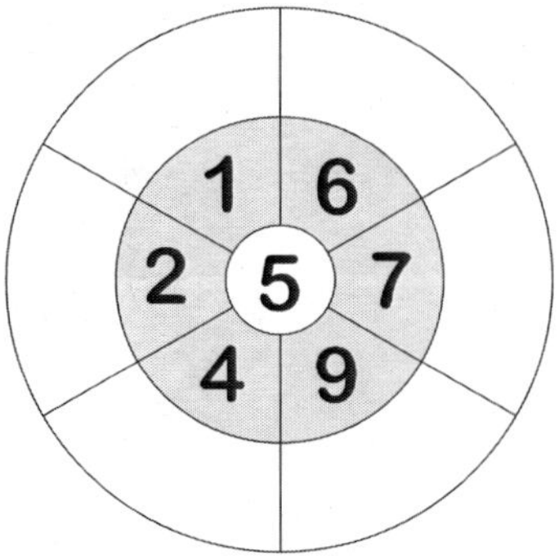

4.

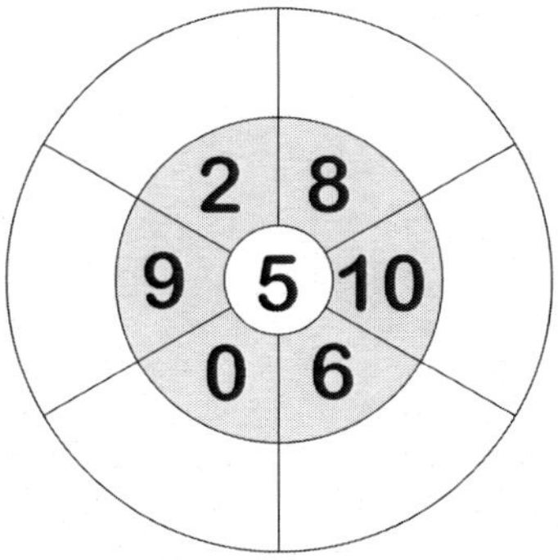

5.

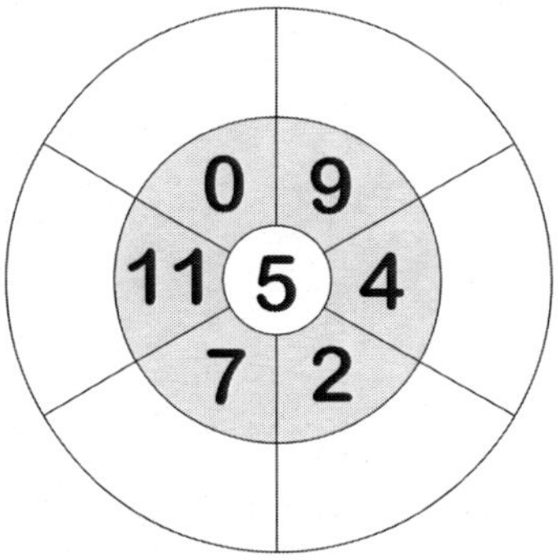

6.

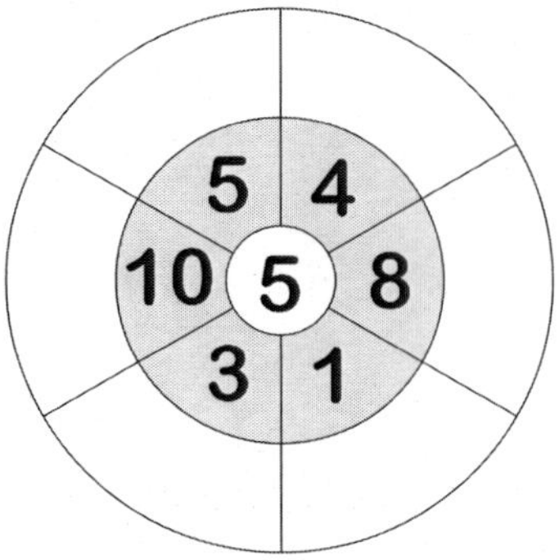

7.

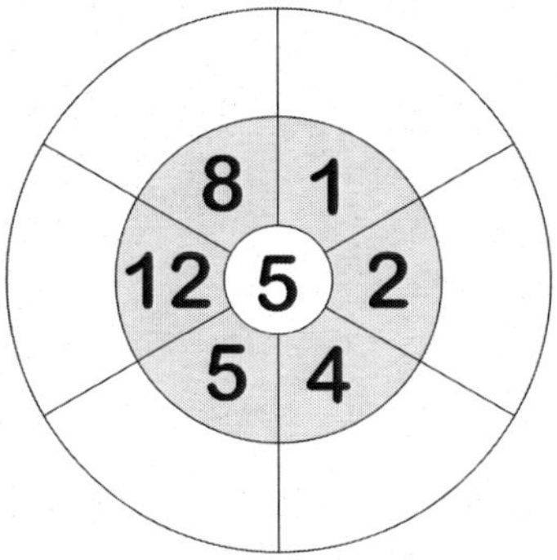

8.

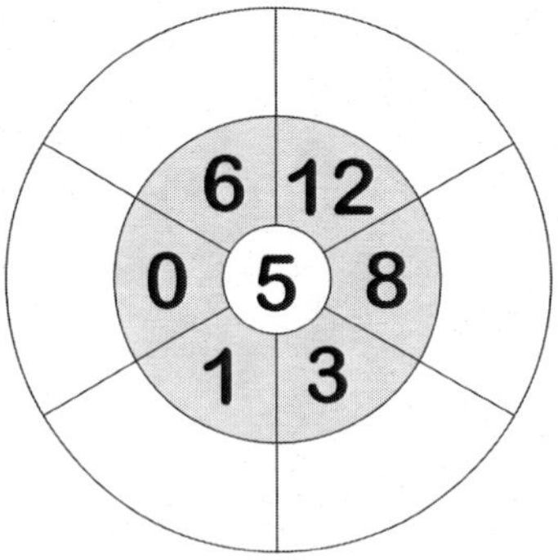

9.

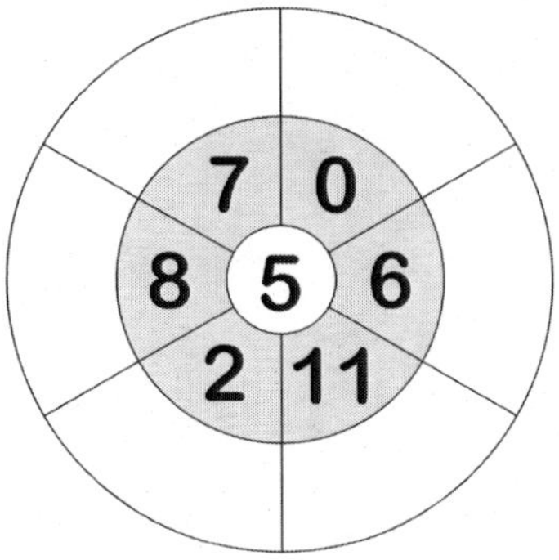

Name: ____________________

5 x

Date: __________ Score: ________

Complete the circle by multiplying the numbers with the center number.

1.

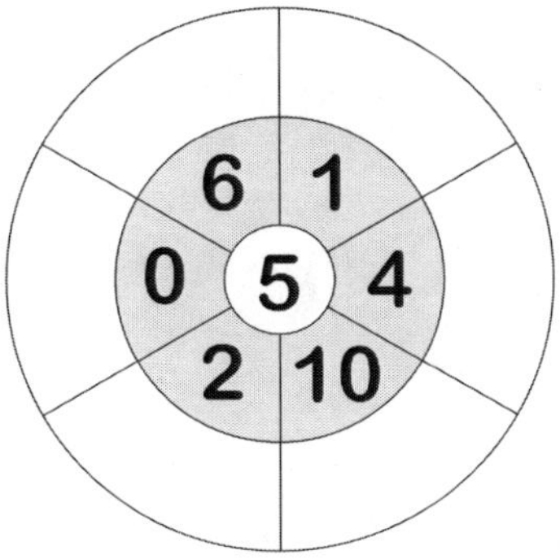

2.

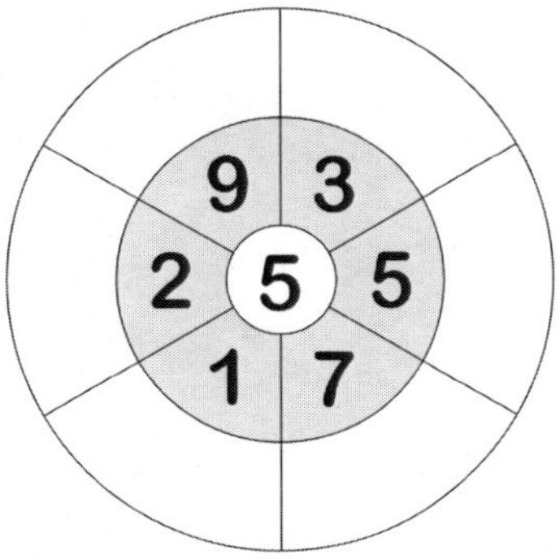

3.

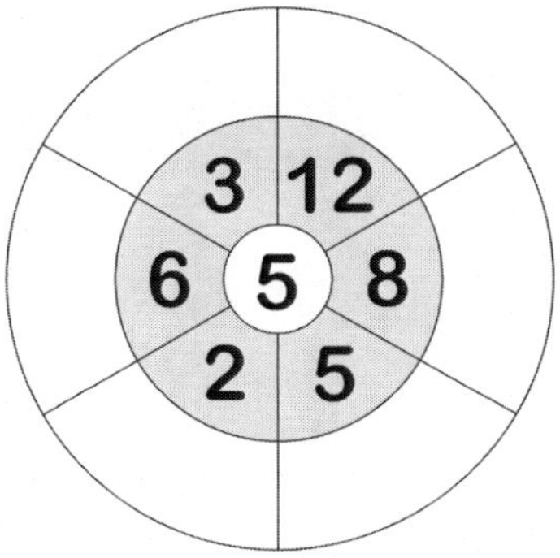

4.

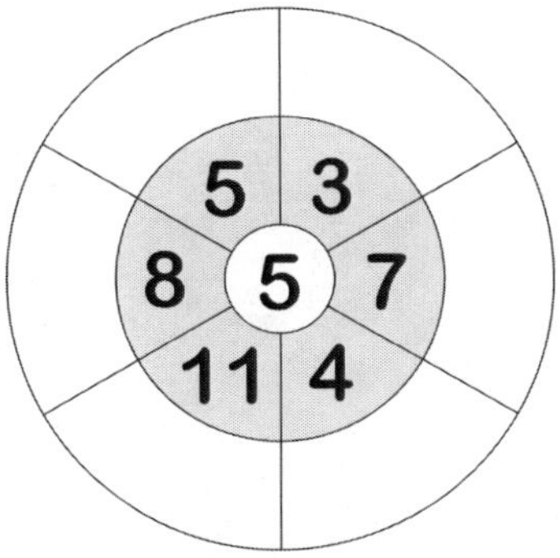

5.

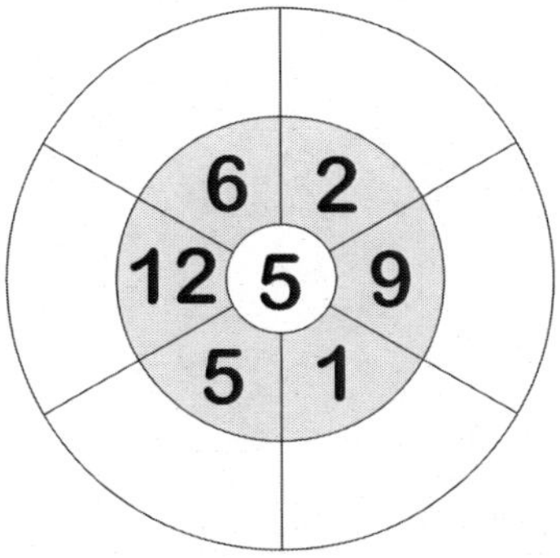

6.

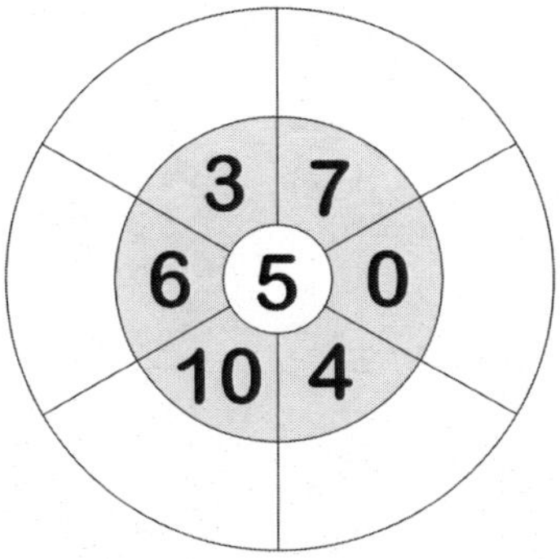

7.

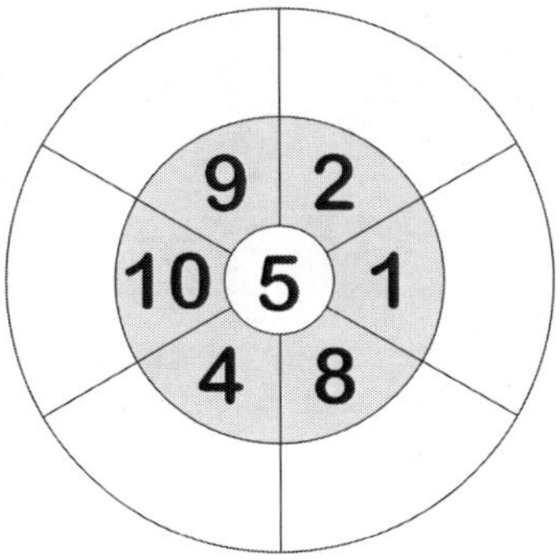

8.

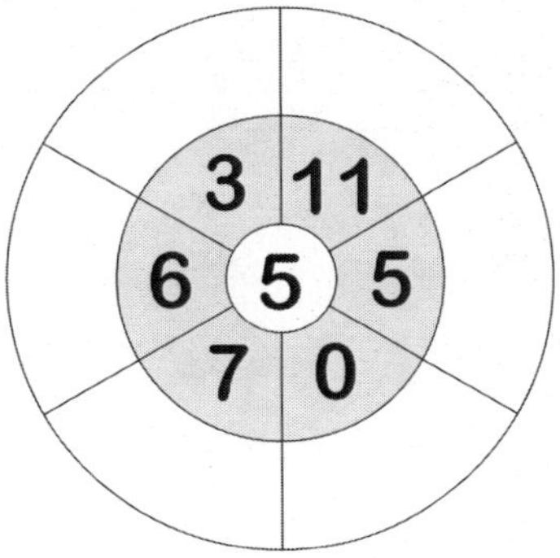

9.

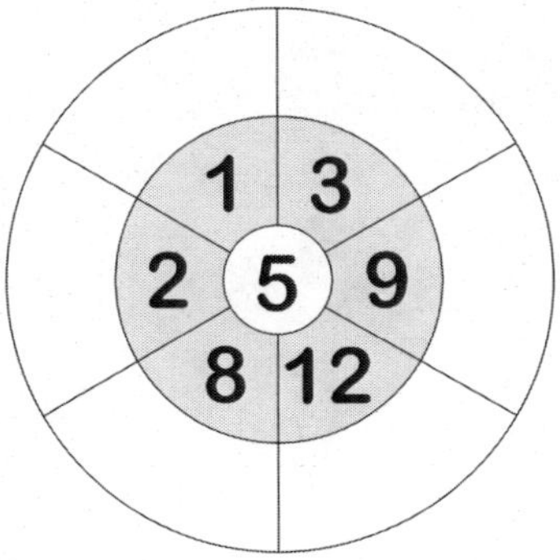

Name: ______________________ **4x - 5x** Date: __________ Score: ________

1. 4 x 3 = _____
2. 5 x 8 = _____
3. 4 x 8 = _____
4. 4 x 0 = _____
5. 5 x 7 = _____
6. 4 x 4 = _____
7. 5 x 11 = _____
8. 5 x 9 = _____
9. 4 x 6 = _____
10. 4 x 12 = _____
11. 5 x 2 = _____
12. 4 x 5 = _____
13. 5 x 4 = _____
14. 4 x 10 = _____
15. 4 x 2 = _____
16. 5 x 3 = _____
17. 4 x 7 = _____
18. 5 x 12 = _____
19. 5 x 6 = _____
20. 4 x 1 = _____
21. 4 x 9 = _____
22. 5 x 0 = _____
23. 5 x 8 = _____
24. 5 x 1 = _____
25. 4 x 6 = _____
26. 5 x 2 = _____
27. 4 x 11 = _____
28. 4 x 5 = _____
29. 5 x 9 = _____
30. 5 x 10 = _____
31. 4 x 8 = _____
32. 5 x 4 = _____
33. 4 x 3 = _____
34. 5 x 5 = _____
35. 5 x 7 = _____
36. 4 x 0 = _____

Name: ____________________ **0x - 5x** Date: __________ Score: ______

1. 2 x 3 = ____
2. 4 x 5 = ____
3. 1 x 6 = ____
4. 0 x 8 = ____
5. 5 x 2 = ____
6. 3 x 7 = ____
7. 2 x 10 = ____
8. 0 x 1 = ____
9. 4 x 9 = ____
10. 3 x 11 = ____
11. 5 x 5 = ____
12. 2 x 6 = ____
13. 1 x 9 = ____
14. 4 x 12 = ____
15. 0 x 0 = ____
16. 3 x 3 = ____
17. 5 x 8 = ____
18. 1 x 10 = ____
19. 2 x 9 = ____
20. 3 x 5 = ____
21. 0 x 6 = ____
22. 5 x 3 = ____
23. 4 x 7 = ____
24. 1 x 5 = ____
25. 2 x 4 = ____
26. 1 x 3 = ____
27. 5 x 12 = ____
28. 4 x 4 = ____
29. 2 x 7 = ____
30. 3 x 11 = ____
31. 0 x 2 = ____
32. 4 x 6 = ____
33. 2 x 8 = ____
34. 3 x 9 = ____
35. 5 x 2 = ____
36. 3 x 8 = ____

Name: ____________ **0x - 5x** Date: ________ Score: ______

1. 5 x 6 = ____
2. 2 x 8 = ____
3. 0 x 2 = ____
4. 3 x 5 = ____
5. 1 x 0 = ____
6. 4 x 9 = ____
7. 5 x 10 = ____
8. 3 x 3 = ____
9. 2 x 6 = ____
10. 1 x 11 = ____
11. 4 x 7 = ____
12. 3 x 9 = ____
13. 0 x 8 = ____
14. 5 x 12 = ____
15. 4 x 2 = ____
16. 2 x 9 = ____
17. 3 x 7 = ____
18. 4 x 11 = ____
19. 5 x 5 = ____
20. 1 x 2 = ____
21. 2 x 2 = ____
22. 0 x 9 = ____
23. 3 x 6 = ____
24. 4 x 8 = ____
25. 5 x 7 = ____
26. 3 x 8 = ____
27. 3 x 12 = ____
28. 1 x 6 = ____
29. 4 x 6 = ____
30. 5 x 12 = ____
31. 2 x 7 = ____
32. 0 x 6 = ____
33. 4 x 3 = ____
34. 3 x 1 = ____
35. 5 x 2 = ____
36. 3 x 3 = ____

Name: ____________________ **0x - 5x** Date: __________ Score: _______

1. 0 x 0 = _____
2. 5 x 6 = _____
3. 2 x 9 = _____
4. 4 x 7 = _____
5. 3 x 6 = _____
6. 1 x 2 = _____
7. 4 x 11 = _____
8. 5 x 8 = _____
9. 1 x 7 = _____
10. 3 x 12 = _____
11. 0 x 4 = _____
12. 2 x 5 = _____
13. 4 x 6 = _____
14. 5 x 11 = _____
15. 3 x 8 = _____
16. 2 x 3 = _____
17. 1 x 9 = _____
18. 2 x 10 = _____
19. 4 x 5 = _____
20. 3 x 9 = _____
21. 2 x 2 = _____
22. 5 x 6 = _____
23. 0 x 5 = _____
24. 4 x 9 = _____
25. 1 x 9 = _____
26. 3 x 3 = _____
27. 5 x 12 = _____
28. 4 x 8 = _____
29. 2 x 6 = _____
30. 3 x 12 = _____
31. 5 x 9 = _____
32. 1 x 0 = _____
33. 2 x 8 = _____
34. 0 x 6 = _____
35. 4 x 1 = _____
36. 5 x 3 = _____

6 Times Table

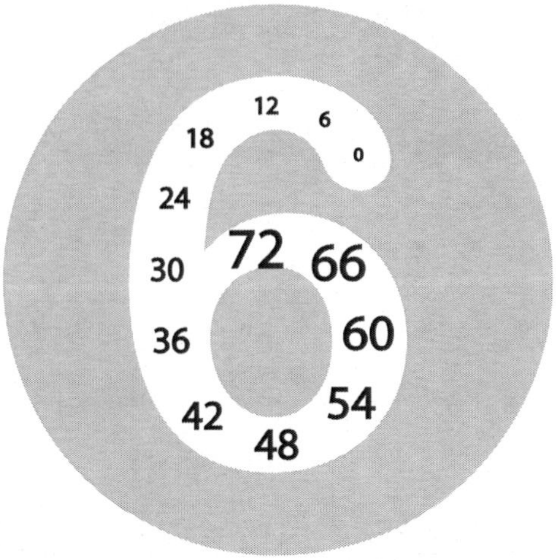

6 x 0 = 0

6 x 1 = 6

6 x 2 = 12

6 x 3 = 18

6 x 4 = 24

6 x 5 = 30

6 x 6 = 36

6 x 7 = 42

6 x 8 = 48

6 x 9 = 54

6 x 10 = 60

6 x 11 = 66

6 x 12 = 72

X	0	1	2	3	4	5	6	7	8	9	10	11	12
0	0	0	0	0	0	0	0	0	0	0	0	0	0
1	0	1	2	3	4	5	6	7	8	9	10	11	12
2	0	2	4	6	8	10	12	14	16	18	20	22	24
3	0	3	6	9	12	15	18	21	24	27	30	33	36
4	0	4	8	12	16	20	24	28	32	36	40	44	48
5	0	5	10	15	20	25	30	35	40	45	50	55	60
6	0	6	12	18	24	30	36	42	48	54	60	66	72
7	0	7	14	21	28	35	42	49	56	63	70	77	84
8	0	8	16	24	32	40	48	56	64	72	80	88	96
9	0	9	18	27	36	45	54	63	72	81	90	99	108
10	0	10	20	30	40	50	60	70	80	90	100	110	120
11	0	11	22	33	44	55	66	77	88	99	110	121	132
12	0	12	24	36	48	60	72	84	96	108	120	132	144

Name: ______________________ **6 x** Date: __________ Score: _______

1. 6×0	2. 6×1	3. 6×2	4. 6×3
5. 6×4	6. 6×5	7. 6×6	8. 6×7
9. 6×8	10. 6×9	11. 6×10	12. 6×11
13. 6×12			

Name: ____________________ # 6 x Date: __________ Score: ______

1. 6×5	2. 6×3	3. 6×9	4. 6×1
5. 6×7	6. 6×4	7. 6×12	8. 6×2
9. 6×0	10. 6×11	11. 6×6	12. 6×8
13. 6×10	14. 6×7	15. 6×9	16. 6×4

Name: ____________________

6 x

Date: __________ Score: ________

1. 6 x 4 = ____
2. 6 x 1 = ____
3. 6 x 9 = ____
4. 6 x 10 = ____
5. 6 x 2 = ____
6. 6 x 6 = ____
7. 6 x 8 = ____
8. 6 x 5 = ____
9. 6 x 12 = ____
10. 6 x 3 = ____
11. 6 x 7 = ____
12. 6 x 11 = ____
13. 6 x 0 = ____
14. 6 x 6 = ____
15. 6 x 5 = ____
16. 6 x 7 = ____
17. 6 x 3 = ____
18. 6 x 4 = ____
19. 6 x 9 = ____
20. 6 x 11 = ____
21. 6 x 2 = ____
22. 6 x 1 = ____
23. 6 x 8 = ____
24. 6 x 10 = ____
25. 6 x 12 = ____
26. 6 x 2 = ____
27. 6 x 4 = ____
28. 6 x 8 = ____
29. 6 x 6 = ____
30. 6 x 11 = ____
31. 6 x 7 = ____
32. 6 x 3 = ____
33. 6 x 9 = ____
34. 6 x 0 = ____
35. 6 x 1 = ____
36. 6 x 5 = ____

Name: ____________________ # 6 x Date: __________ Score: ________

1. 6 x 7 = ____
2. 6 x 11 = ____
3. 6 x 3 = ____
4. 6 x 0 = ____
5. 6 x 1 = ____
6. 6 x 5 = ____
7. 6 x 10 = ____
8. 6 x 2 = ____
9. 6 x 4 = ____
10. 6 x 8 = ____
11. 6 x 6 = ____
12. 6 x 3 = ____
13. 6 x 9 = ____
14. 6 x 4 = ____
15. 6 x 12 = ____
16. 6 x 1 = ____
17. 6 x 8 = ____
18. 6 x 0 = ____
19. 6 x 6 = ____
20. 6 x 5 = ____
21. 6 x 7 = ____
22. 6 x 11 = ____
23. 6 x 3 = ____
24. 6 x 2 = ____
25. 6 x 12 = ____
26. 6 x 8 = ____
27. 6 x 0 = ____
28. 6 x 3 = ____
29. 6 x 7 = ____
30. 6 x 10 = ____
31. 6 x 4 = ____
32. 6 x 1 = ____
33. 6 x 6 = ____
34. 6 x 2 = ____
35. 6 x 9 = ____
36. 6 x 8 = ____

Name: ____________________

6 x

Date: __________ Score: ________

Complete the circle by multiplying the numbers with the center number. The first one has been done for you.

1.

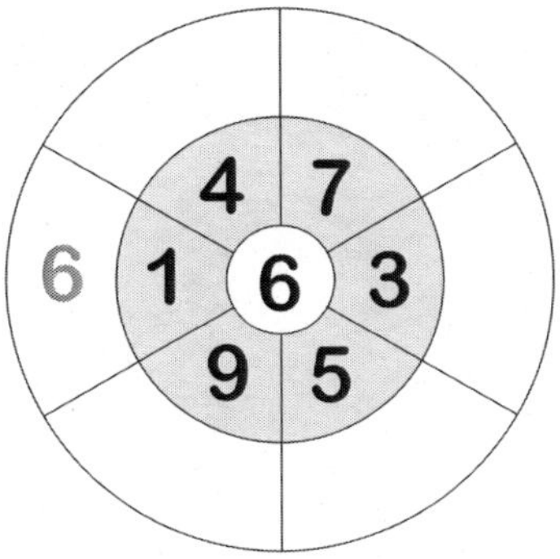

2.

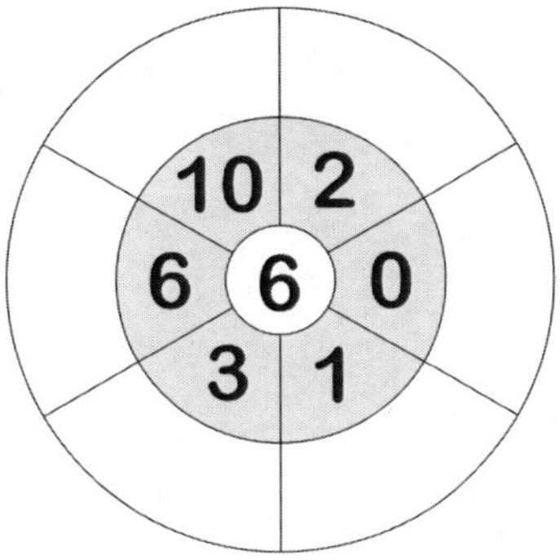

3.

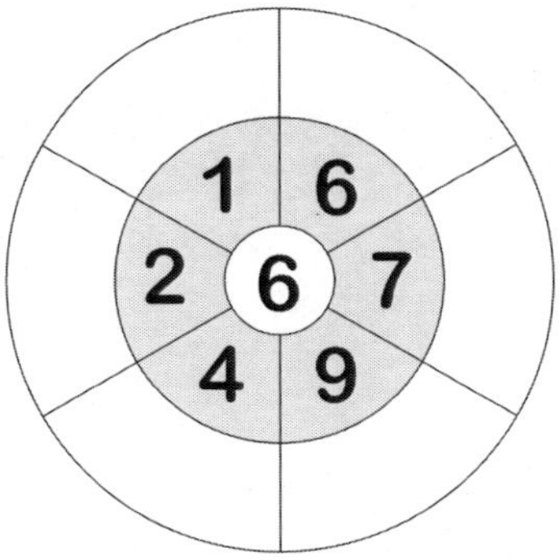

4.

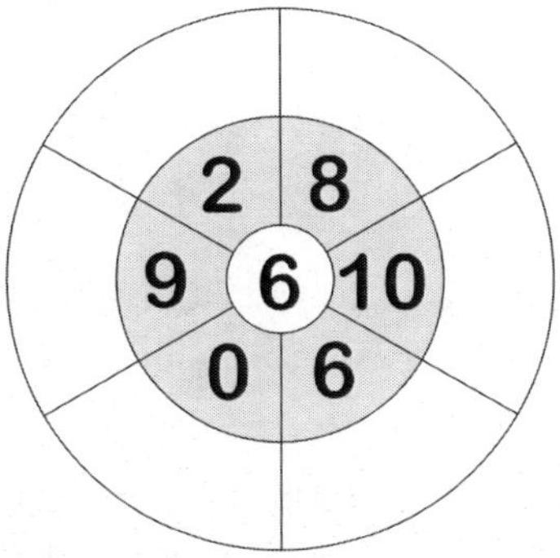

5.

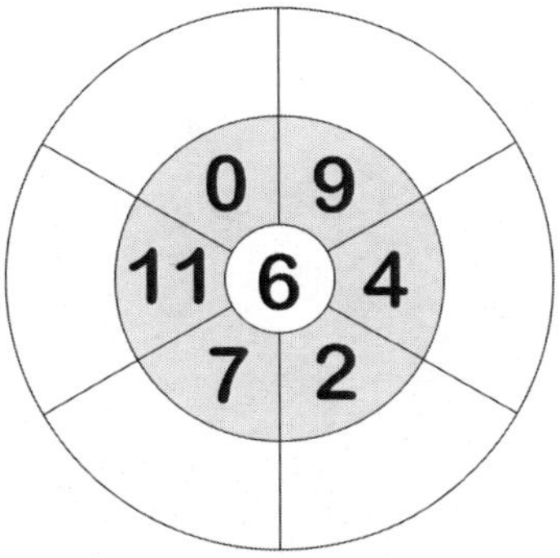

6.

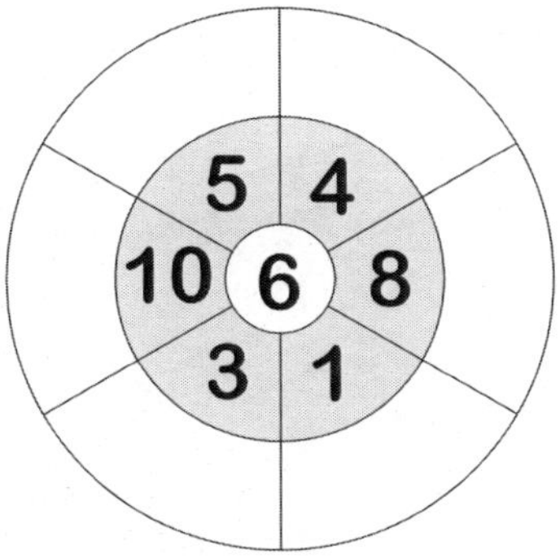

7.

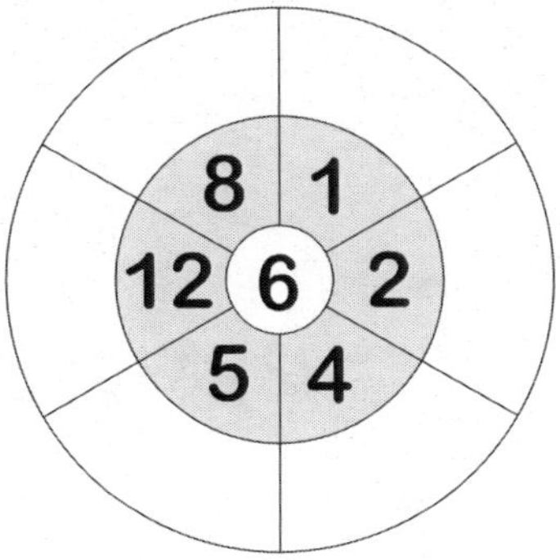

8.

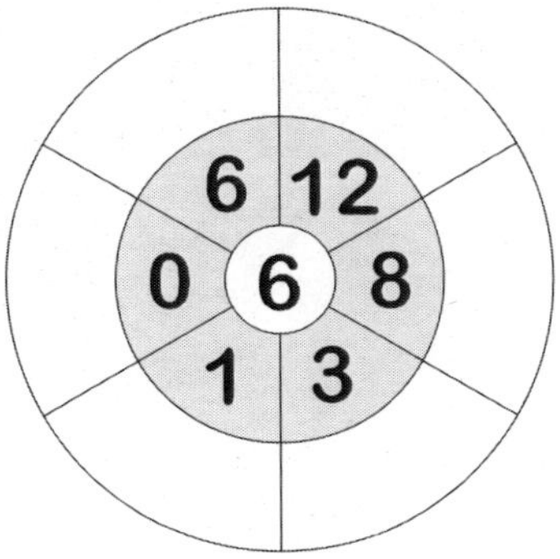

9.

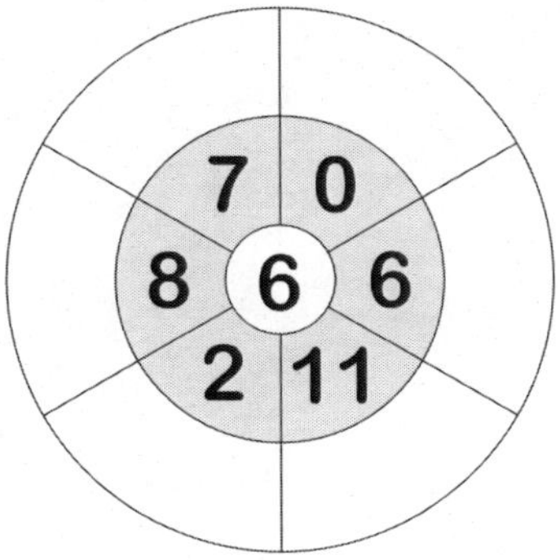

Name: ____________________

6 x

Date: __________ Score: ________

Complete the circle by multiplying the numbers with the center number.

1. Center: 6 — 6, 1, 4, 10, 2, 0

2. Center: 6 — 9, 3, 5, 7, 1, 2

3. Center: 6 — 3, 12, 8, 5, 2, 6

4. Center: 6 — 5, 3, 7, 4, 11, 8

5. Center: 6 — 6, 2, 9, 1, 5, 12

6. Center: 6 — 3, 7, 0, 4, 10, 6

7. Center: 6 — 9, 2, 1, 8, 4, 10

8. Center: 6 — 3, 11, 5, 0, 7, 6

9. Center: 6 — 1, 3, 9, 12, 8, 2

Name: ____________________ **5x - 6x** Date: __________ Score: ________

1. 5 x 3 = ____
2. 6 x 8 = ____
3. 5 x 8 = ____
4. 5 x 0 = ____
5. 6 x 7 = ____
6. 5 x 4 = ____
7. 6 x 11 = ____
8. 6 x 9 = ____
9. 5 x 6 = ____
10. 5 x 12 = ____
11. 6 x 2 = ____
12. 5 x 5 = ____
13. 6 x 4 = ____
14. 5 x 10 = ____
15. 5 x 2 = ____
16. 6 x 3 = ____
17. 5 x 7 = ____
18. 6 x 12 = ____
19. 6 x 6 = ____
20. 5 x 1 = ____
21. 5 x 9 = ____
22. 6 x 0 = ____
23. 6 x 8 = ____
24. 6 x 1 = ____
25. 5 x 6 = ____
26. 6 x 2 = ____
27. 5 x 11 = ____
28. 5 x 5 = ____
29. 6 x 9 = ____
30. 6 x 10 = ____
31. 5 x 8 = ____
32. 6 x 4 = ____
33. 5 x 3 = ____
34. 6 x 5 = ____
35. 6 x 7 = ____
36. 5 x 0 = ____

7 Times Table

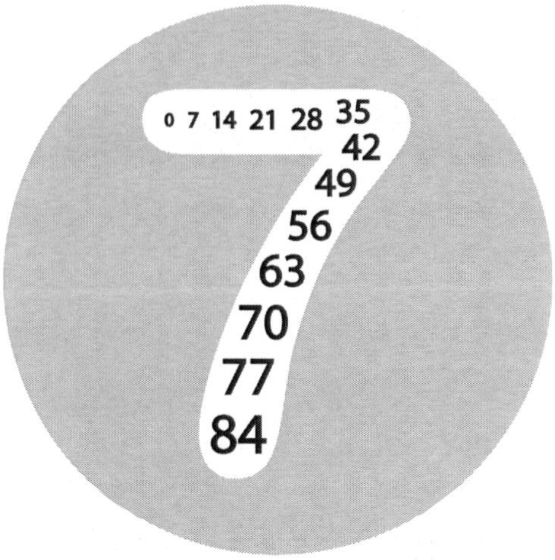

7 x 0 = 0
7 x 1 = 7
7 x 2 = 14
7 x 3 = 21
7 x 4 = 28
7 x 5 = 35
7 x 6 = 42
7 x 7 = 49
7 x 8 = 56
7 x 9 = 63
7 x 10 = 70
7 x 11 = 77
7 x 12 = 84

X	0	1	2	3	4	5	6	7	8	9	10	11	12
0	0	0	0	0	0	0	0	0	0	0	0	0	0
1	0	1	2	3	4	5	6	7	8	9	10	11	12
2	0	2	4	6	8	10	12	14	16	18	20	22	24
3	0	3	6	9	12	15	18	21	24	27	30	33	36
4	0	4	8	12	16	20	24	28	32	36	40	44	48
5	0	5	10	15	20	25	30	35	40	45	50	55	60
6	0	6	12	18	24	30	36	42	48	54	60	66	72
7	0	7	14	21	28	35	42	49	56	63	70	77	84
8	0	8	16	24	32	40	48	56	64	72	80	88	96
9	0	9	18	27	36	45	54	63	72	81	90	99	108
10	0	10	20	30	40	50	60	70	80	90	100	110	120
11	0	11	22	33	44	55	66	77	88	99	110	121	132
12	0	12	24	36	48	60	72	84	96	108	120	132	144

Name: ______________________

7 x

Date: ____________ Score: ________

1. $\begin{array}{r} 7 \\ \times\ 0 \\ \hline \end{array}$

2. $\begin{array}{r} 7 \\ \times\ 1 \\ \hline \end{array}$

3. $\begin{array}{r} 7 \\ \times\ 2 \\ \hline \end{array}$

4. $\begin{array}{r} 7 \\ \times\ 3 \\ \hline \end{array}$

5. $\begin{array}{r} 7 \\ \times\ 4 \\ \hline \end{array}$

6. $\begin{array}{r} 7 \\ \times\ 5 \\ \hline \end{array}$

7. $\begin{array}{r} 7 \\ \times\ 6 \\ \hline \end{array}$

8. $\begin{array}{r} 7 \\ \times\ 7 \\ \hline \end{array}$

9. $\begin{array}{r} 7 \\ \times\ 8 \\ \hline \end{array}$

10. $\begin{array}{r} 7 \\ \times\ 9 \\ \hline \end{array}$

11. $\begin{array}{r} 7 \\ \times 10 \\ \hline \end{array}$

12. $\begin{array}{r} 7 \\ \times 11 \\ \hline \end{array}$

13. $\begin{array}{r} 7 \\ \times 12 \\ \hline \end{array}$

Name: ____________________ **7 x** Date: __________ Score: ________

1. 7×5	2. 7×3	3. 7×9	4. 7×1
5. 7×7	6. 7×4	7. 7×12	8. 7×2
9. 7×0	10. 7×11	11. 7×6	12. 7×8
13. 7×10	14. 7×7	15. 7×9	16. 7×4

7 x

Name: ____________________ Date: __________ Score: ________

1. 7 x 4 = _____
2. 7 x 1 = _____
3. 7 x 9 = _____
4. 7 x 10 = _____
5. 7 x 2 = _____
6. 7 x 6 = _____
7. 7 x 8 = _____
8. 7 x 5 = _____
9. 7 x 12 = _____
10. 7 x 3 = _____
11. 7 x 7 = _____
12. 7 x 11 = _____
13. 7 x 0 = _____
14. 7 x 6 = _____
15. 7 x 5 = _____
16. 7 x 7 = _____
17. 7 x 3 = _____
18. 7 x 4 = _____
19. 7 x 9 = _____
20. 7 x 11 = _____
21. 7 x 2 = _____
22. 7 x 1 = _____
23. 7 x 8 = _____
24. 7 x 10 = _____
25. 7 x 12 = _____
26. 7 x 2 = _____
27. 7 x 4 = _____
28. 7 x 8 = _____
29. 7 x 6 = _____
30. 7 x 11 = _____
31. 7 x 7 = _____
32. 7 x 3 = _____
33. 7 x 9 = _____
34. 7 x 0 = _____
35. 7 x 1 = _____
36. 7 x 5 = _____

Name: ____________________ **7 x** Date: __________ Score: ________

1. 7 x 7 = _____
2. 7 x 11 = _____
3. 7 x 3 = _____
4. 7 x 0 = _____
5. 7 x 1 = _____
6. 7 x 5 = _____
7. 7 x 10 = _____
8. 7 x 2 = _____
9. 7 x 4 = _____
10. 7 x 8 = _____
11. 7 x 6 = _____
12. 7 x 3 = _____
13. 7 x 9 = _____
14. 7 x 4 = _____
15. 7 x 12 = _____
16. 7 x 1 = _____
17. 7 x 8 = _____
18. 7 x 0 = _____
19. 7 x 6 = _____
20. 7 x 5 = _____
21. 7 x 7 = _____
22. 7 x 11 = _____
23. 7 x 3 = _____
24. 7 x 2 = _____
25. 7 x 12 = _____
26. 7 x 8 = _____
27. 7 x 0 = _____
28. 7 x 3 = _____
29. 7 x 7 = _____
30. 7 x 10 = _____
31. 7 x 4 = _____
32. 7 x 1 = _____
33. 7 x 6 = _____
34. 7 x 2 = _____
35. 7 x 9 = _____
36. 7 x 8 = _____

Name: ______________________ **7 x** Date: __________ Score: _______

Complete the circle by multiplying the numbers with the center number. The first one has been done for you.

1.

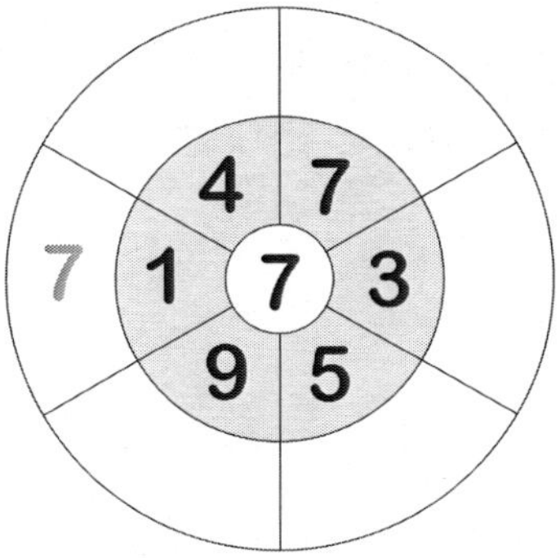

2.

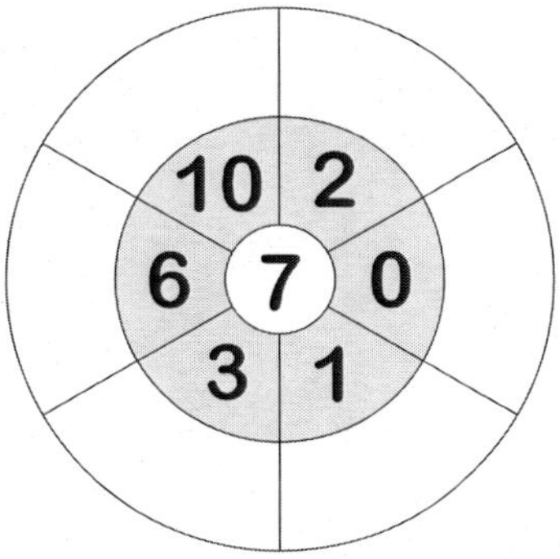

3.

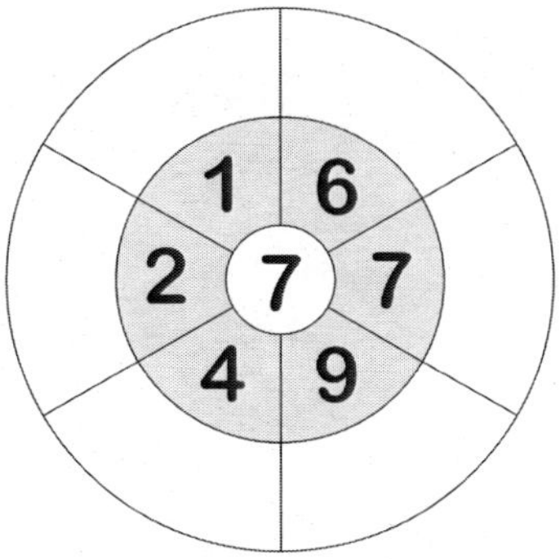

4.

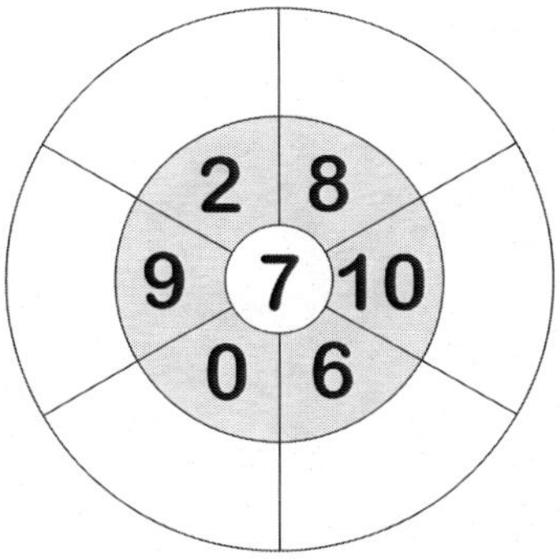

5.

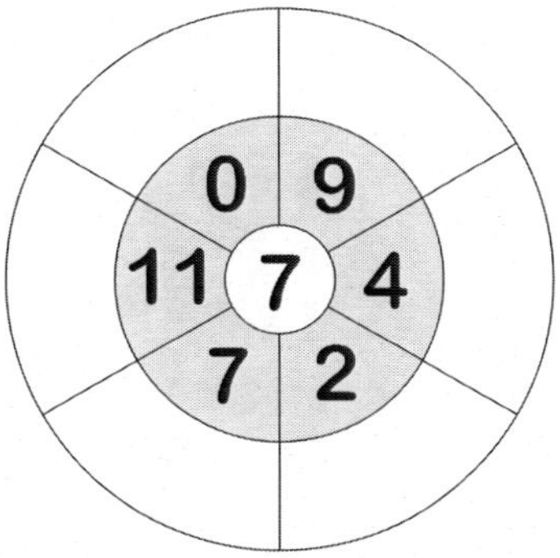

6.

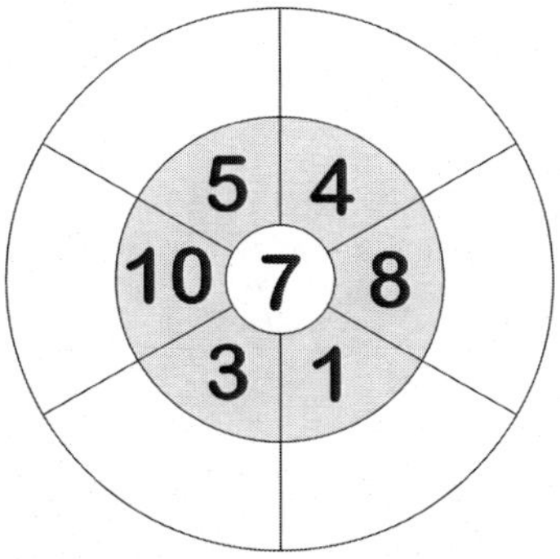

7.

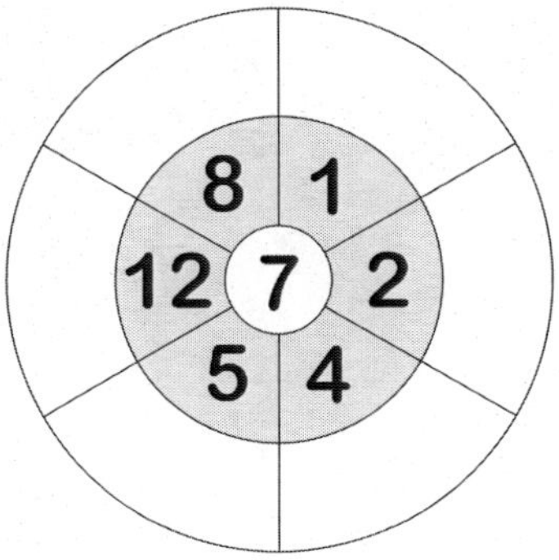

8.

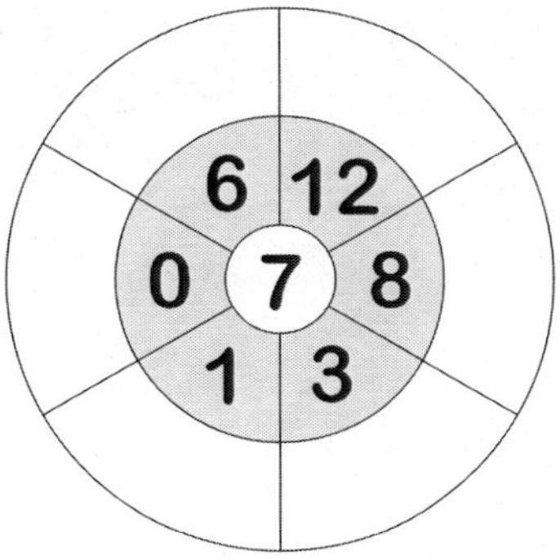

9.

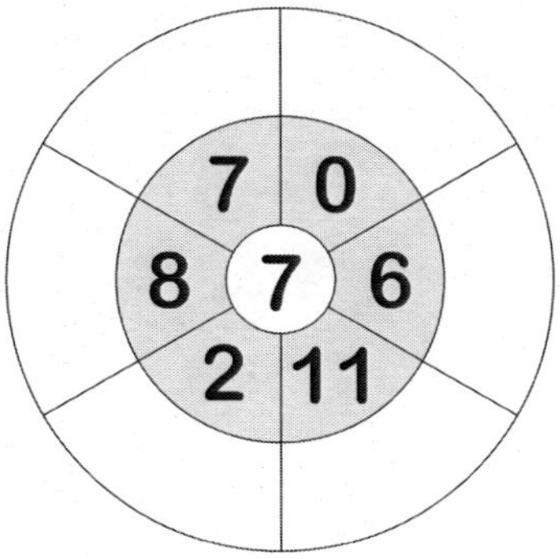

Name: ____________________ **7 x** Date: __________ Score: ________

Complete the circle by multiplying the numbers with the center number.

1. Center: 7 — 6, 1, 4, 10, 2, 0

2. Center: 7 — 9, 3, 5, 7, 1, 2

3. Center: 7 — 3, 12, 8, 5, 2, 6

4. Center: 7 — 5, 3, 7, 4, 11, 8

5. Center: 7 — 6, 2, 9, 1, 5, 12

6. Center: 7 — 3, 7, 0, 4, 10, 6

7. Center: 7 — 9, 2, 1, 8, 4, 10

8. Center: 7 — 3, 11, 5, 0, 7, 6

9. Center: 7 — 1, 3, 9, 12, 8, 2

Name: ____________________

6x - 7x

Date: __________ Score: ________

1. 6 x 3 = ____
2. 7 x 8 = ____
3. 6 x 8 = ____
4. 6 x 0 = ____
5. 7 x 7 = ____
6. 6 x 4 = ____
7. 7 x 11 = ____
8. 7 x 9 = ____
9. 6 x 6 = ____
10. 6 x 12 = ____
11. 7 x 2 = ____
12. 6 x 5 = ____
13. 7 x 4 = ____
14. 6 x 10 = ____
15. 6 x 2 = ____
16. 7 x 3 = ____
17. 6 x 7 = ____
18. 7 x 12 = ____
19. 7 x 6 = ____
20. 6 x 1 = ____
21. 6 x 9 = ____
22. 7 x 0 = ____
23. 7 x 8 = ____
24. 7 x 1 = ____
25. 6 x 6 = ____
26. 7 x 2 = ____
27. 6 x 11 = ____
28. 6 x 5 = ____
29. 7 x 9 = ____
30. 7 x 10 = ____
31. 6 x 8 = ____
32. 7 x 4 = ____
33. 6 x 3 = ____
34. 7 x 5 = ____
35. 7 x 7 = ____
36. 6 x 0 = ____

8 Times Table

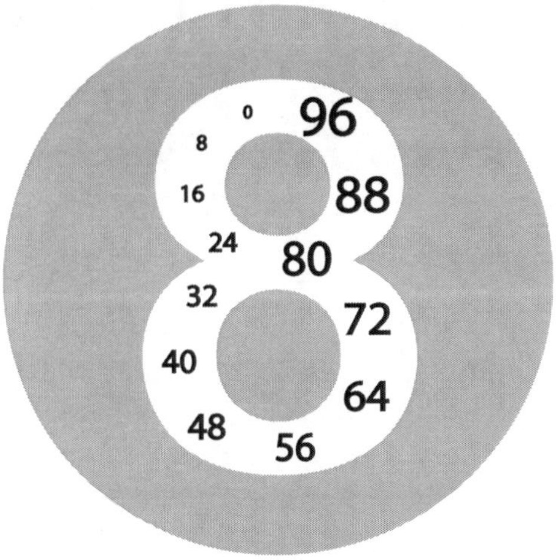

8 x 0 = 0
8 x 1 = 8
8 x 2 = 16
8 x 3 = 24
8 x 4 = 32
8 x 5 = 40
8 x 6 = 48
8 x 7 = 56
8 x 8 = 64
8 x 9 = 72
8 x 10 = 80
8 x 11 = 88
8 x 12 = 96

X	0	1	2	3	4	5	6	7	8	9	10	11	12
0	0	0	0	0	0	0	0	0	0	0	0	0	0
1	0	1	2	3	4	5	6	7	8	9	10	11	12
2	0	2	4	6	8	10	12	14	16	18	20	22	24
3	0	3	6	9	12	15	18	21	24	27	30	33	36
4	0	4	8	12	16	20	24	28	32	36	40	44	48
5	0	5	10	15	20	25	30	35	40	45	50	55	60
6	0	6	12	18	24	30	36	42	48	54	60	66	72
7	0	7	14	21	28	35	42	49	56	63	70	77	84
8	0	8	16	24	32	40	48	56	64	72	80	88	96
9	0	9	18	27	36	45	54	63	72	81	90	99	108
10	0	10	20	30	40	50	60	70	80	90	100	110	120
11	0	11	22	33	44	55	66	77	88	99	110	121	132
12	0	12	24	36	48	60	72	84	96	108	120	132	144

Name: ______________________ **8 x** Date: __________ Score: _______

1. 8×0 = ____

2. 8×1 = ____

3. 8×2 = ____

4. 8×3 = ____

5. 8×4 = ____

6. 8×5 = ____

7. 8×6 = ____

8. 8×7 = ____

9. 8×8 = ____

10. 8×9 = ____

11. 8×10 = ____

12. 8×11 = ____

13. 8×12 = ____

Name: ____________________ **8 x** Date: __________ Score: ________

1. 8 x 5	2. 8 x 3	3. 8 x 9	4. 8 x 1
5. 8 x 7	6. 8 x 4	7. 8 x12	8. 8 x 2
9. 8 x 0	10. 8 x11	11. 8 x 6	12. 8 x 8
13. 8 x10	14. 8 x 7	15. 8 x 9	16. 8 x 4

Name: ____________

8 x

Date: ________ Score: ______

1. 8 x 4 = ____
2. 8 x 1 = ____
3. 8 x 9 = ____
4. 8 x 10 = ____
5. 8 x 2 = ____
6. 8 x 6 = ____
7. 8 x 8 = ____
8. 8 x 5 = ____
9. 8 x 12 = ____
10. 8 x 3 = ____
11. 8 x 7 = ____
12. 8 x 11 = ____
13. 8 x 0 = ____
14. 8 x 6 = ____
15. 8 x 5 = ____
16. 8 x 7 = ____
17. 8 x 3 = ____
18. 8 x 4 = ____
19. 8 x 9 = ____
20. 8 x 11 = ____
21. 8 x 2 = ____
22. 8 x 1 = ____
23. 8 x 8 = ____
24. 8 x 10 = ____
25. 8 x 12 = ____
26. 8 x 2 = ____
27. 8 x 4 = ____
28. 8 x 8 = ____
29. 8 x 6 = ____
30. 8 x 11 = ____
31. 8 x 7 = ____
32. 8 x 3 = ____
33. 8 x 9 = ____
34. 8 x 0 = ____
35. 8 x 1 = ____
36. 8 x 5 = ____

Name: ____________ **8 x** Date: ________ Score: ______

1. 8 x 7 = ____
2. 8 x 11 = ____
3. 8 x 3 = ____
4. 8 x 0 = ____
5. 8 x 1 = ____
6. 8 x 5 = ____
7. 8 x 10 = ____
8. 8 x 2 = ____
9. 8 x 4 = ____
10. 8 x 8 = ____
11. 8 x 6 = ____
12. 8 x 3 = ____
13. 8 x 9 = ____
14. 8 x 4 = ____
15. 8 x 12 = ____
16. 8 x 1 = ____
17. 8 x 8 = ____
18. 8 x 0 = ____
19. 8 x 6 = ____
20. 8 x 5 = ____
21. 8 x 7 = ____
22. 8 x 11 = ____
23. 8 x 3 = ____
24. 8 x 2 = ____
25. 8 x 12 = ____
26. 8 x 8 = ____
27. 8 x 0 = ____
28. 8 x 3 = ____
29. 8 x 7 = ____
30. 8 x 10 = ____
31. 8 x 4 = ____
32. 8 x 1 = ____
33. 8 x 6 = ____
34. 8 x 2 = ____
35. 8 x 9 = ____
36. 8 x 8 = ____

Name: ______________________ **8 x** Date: ___________ Score: ________

Complete the circle by multiplying the numbers with the center number. The first one has been done for you.

1.

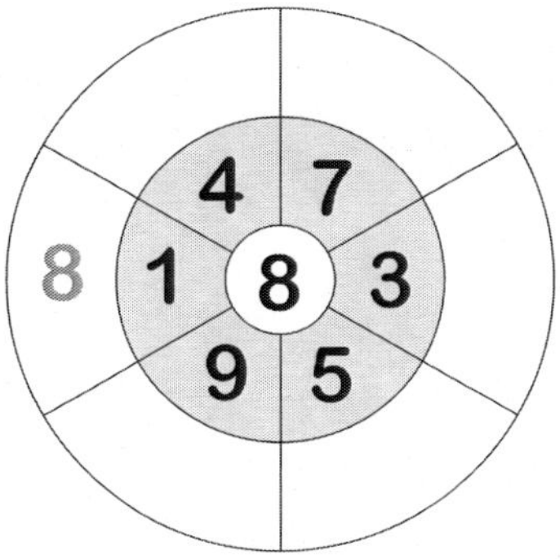

2.

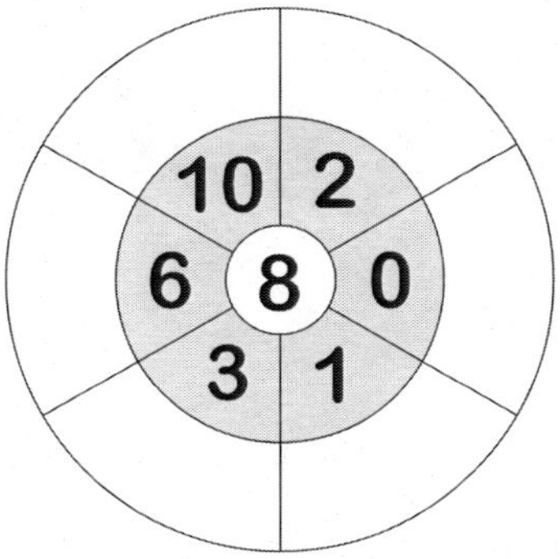

3.

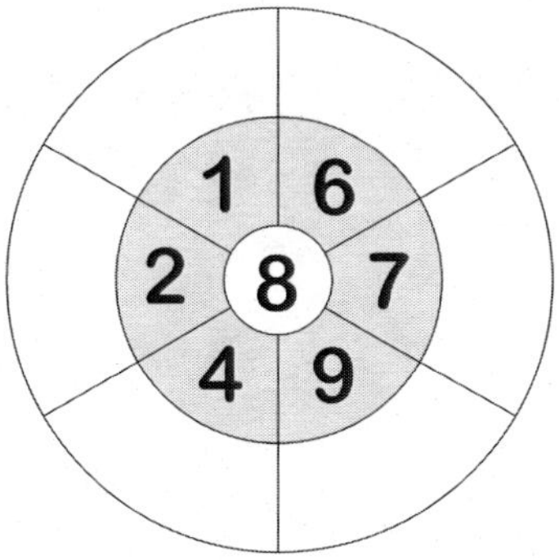

4.

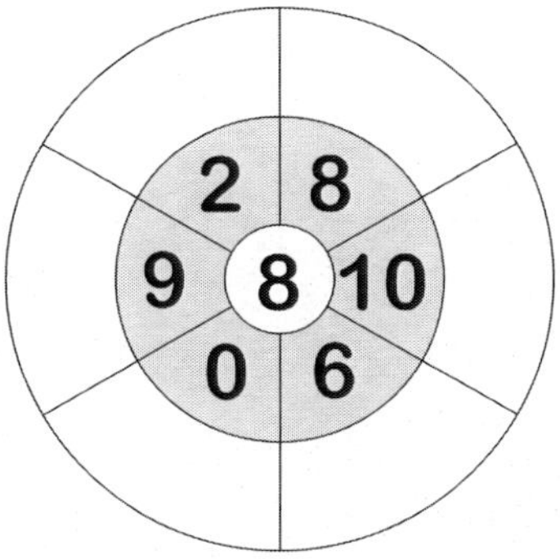

5.

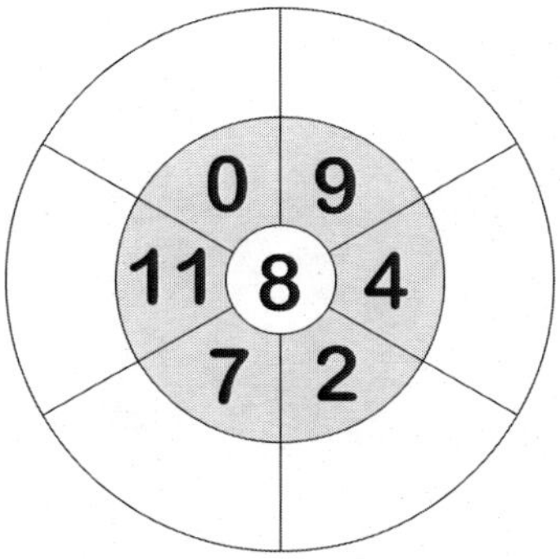

6.

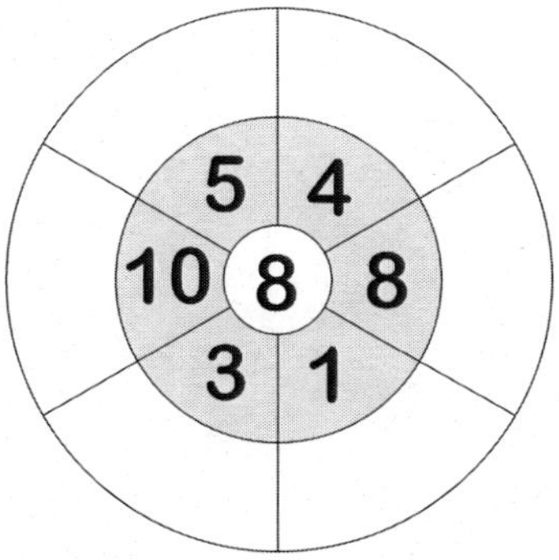

7.

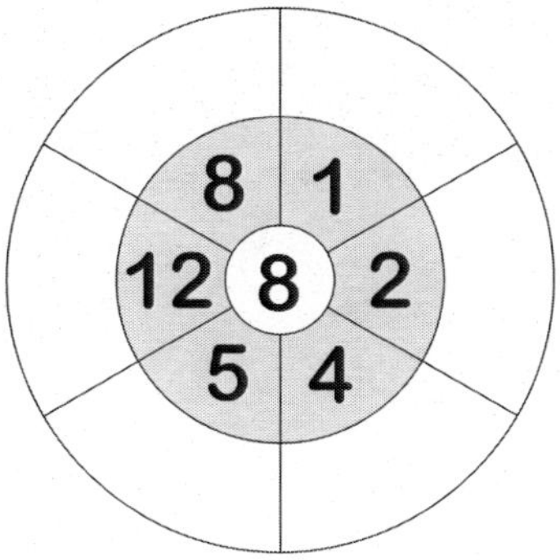

8.

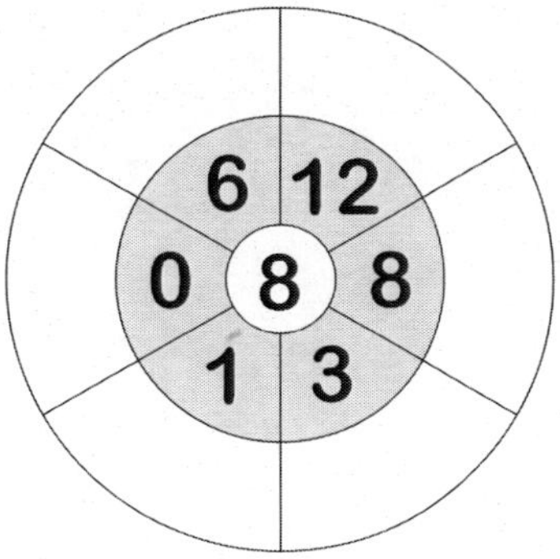

9.

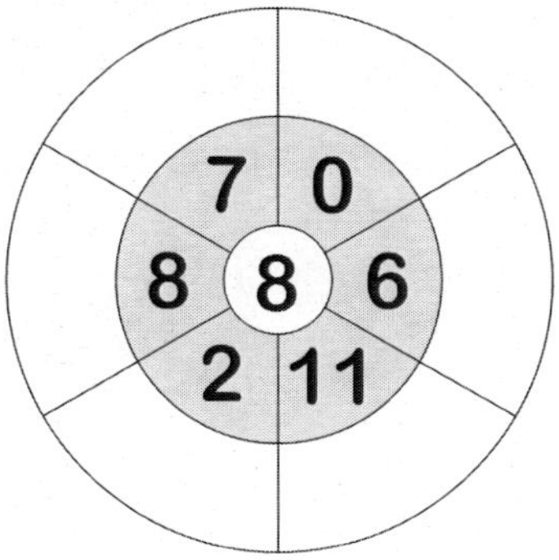

Name: ____________________

8 x

Date: __________ Score: ________

Complete the circle by multiplying the numbers with the center number.

1.

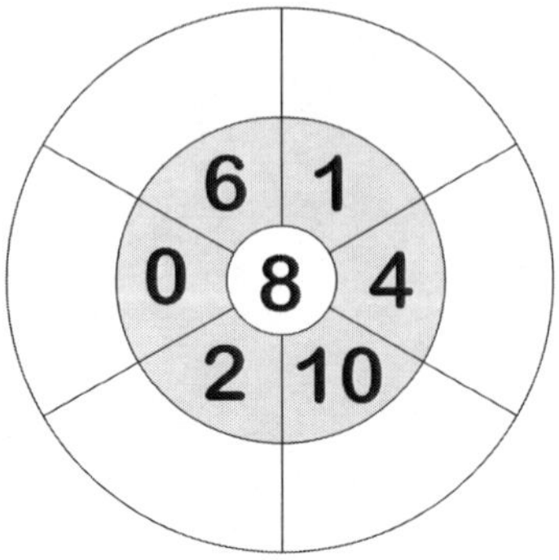

2.

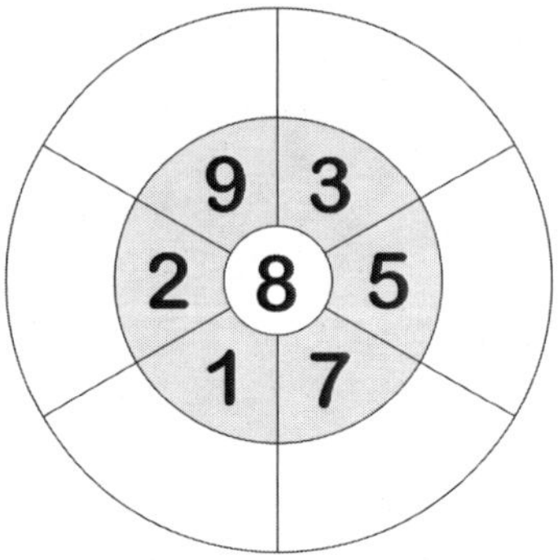

3.

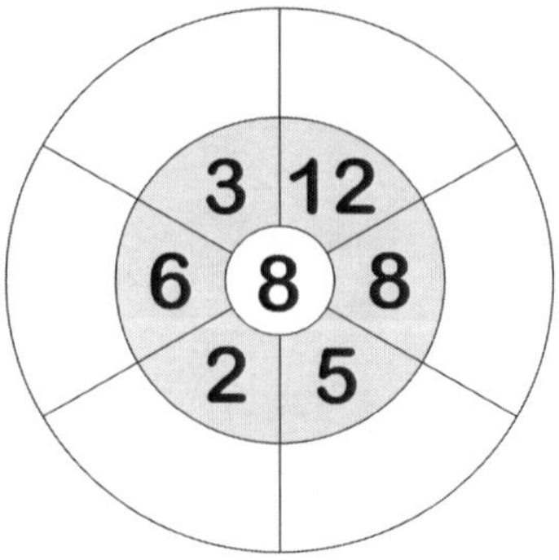

4.

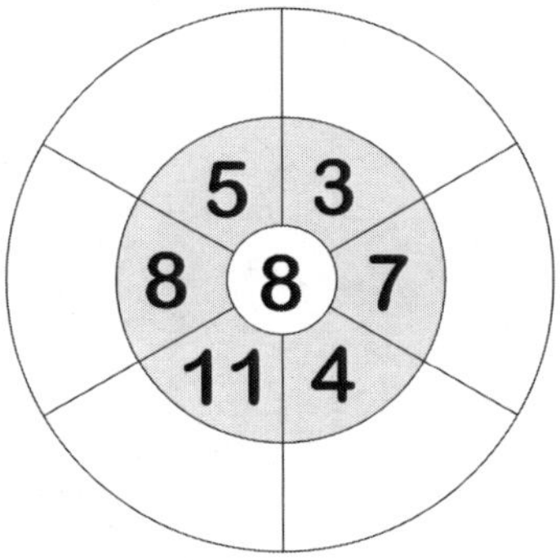

5.

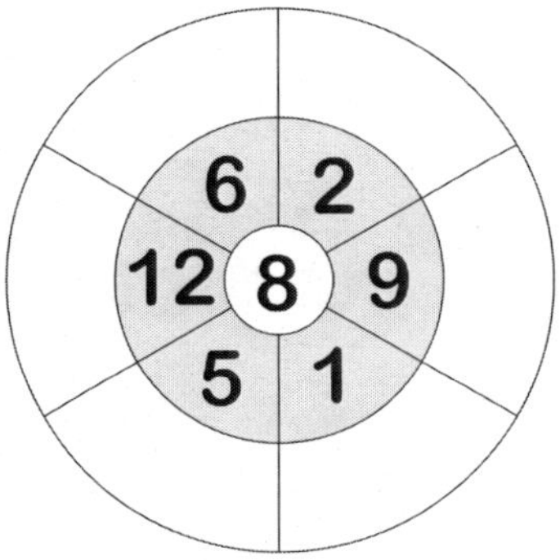

6.

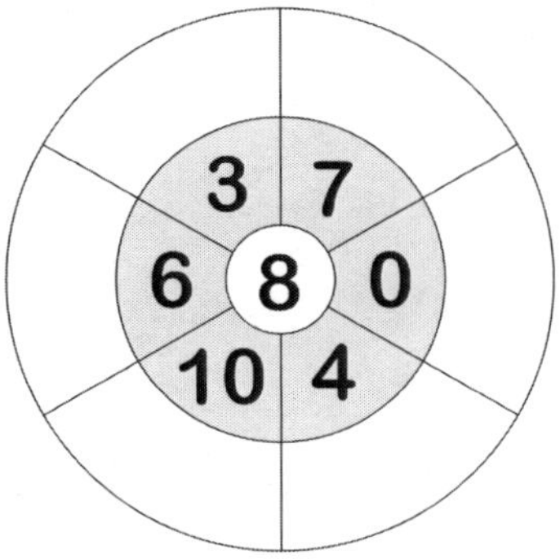

7.

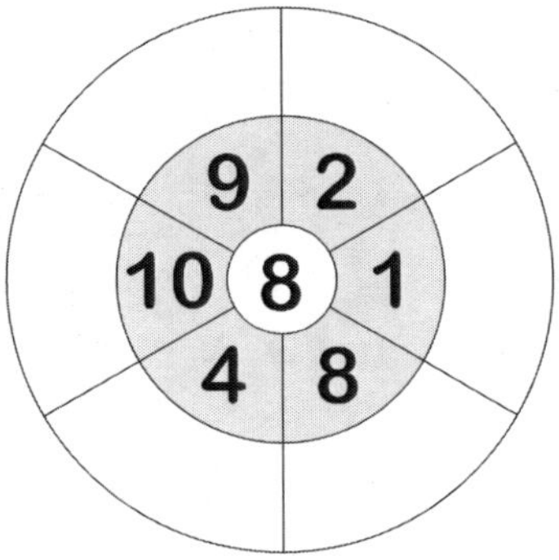

8.

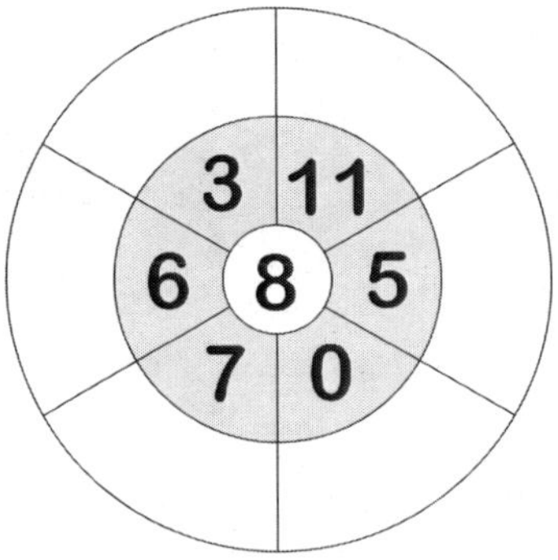

9.

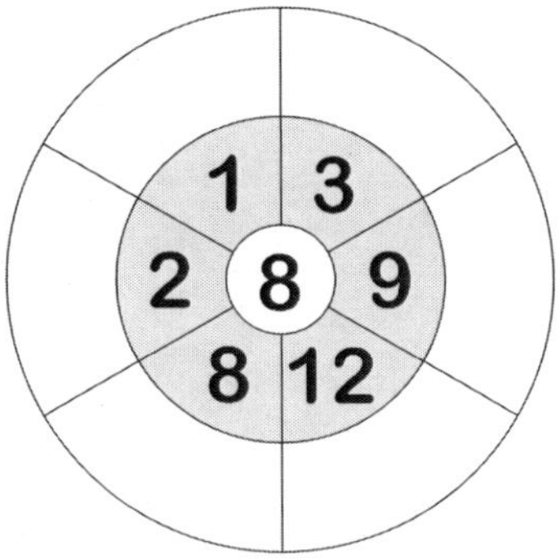

Name: ____________ **7x - 8x** Date: ________ Score: ______

1. 7 x 3 = ____
2. 8 x 8 = ____
3. 7 x 8 = ____
4. 7 x 0 = ____
5. 8 x 7 = ____
6. 7 x 4 = ____
7. 8 x 11 = ____
8. 8 x 9 = ____
9. 7 x 6 = ____
10. 7 x 12 = ____
11. 8 x 2 = ____
12. 7 x 5 = ____
13. 8 x 4 = ____
14. 7 x 10 = ____
15. 7 x 2 = ____
16. 8 x 3 = ____
17. 7 x 7 = ____
18. 8 x 12 = ____
19. 8 x 6 = ____
20. 7 x 1 = ____
21. 7 x 9 = ____
22. 8 x 0 = ____
23. 8 x 8 = ____
24. 8 x 1 = ____
25. 7 x 6 = ____
26. 8 x 2 = ____
27. 7 x 11 = ____
28. 7 x 5 = ____
29. 8 x 9 = ____
30. 8 x 10 = ____
31. 7 x 8 = ____
32. 8 x 4 = ____
33. 7 x 3 = ____
34. 8 x 5 = ____
35. 8 x 7 = ____
36. 7 x 0 = ____

9 Times Table

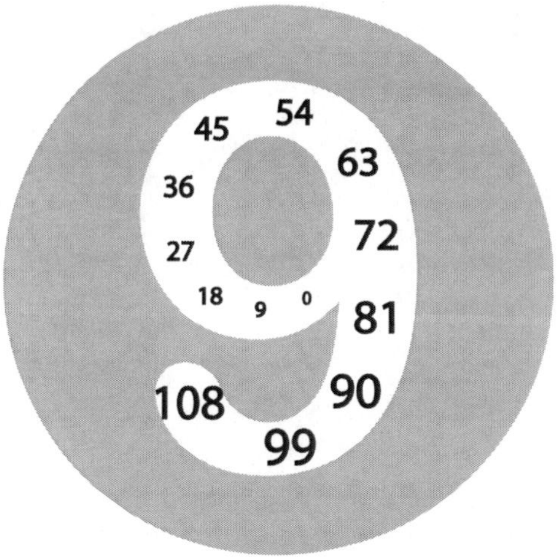

9 x 0 = 0
9 x 1 = 9
9 x 2 = 18
9 x 3 = 27
9 x 4 = 36
9 x 5 = 45
9 x 6 = 54
9 x 7 = 63
9 x 8 = 72
9 x 9 = 81
9 x 10 = 90
9 x 11 = 99
9 x 12 = 108

X	0	1	2	3	4	5	6	7	8	9	10	11	12
0	0	0	0	0	0	0	0	0	0	0	0	0	0
1	0	1	2	3	4	5	6	7	8	9	10	11	12
2	0	2	4	6	8	10	12	14	16	18	20	22	24
3	0	3	6	9	12	15	18	21	24	27	30	33	36
4	0	4	8	12	16	20	24	28	32	36	40	44	48
5	0	5	10	15	20	25	30	35	40	45	50	55	60
6	0	6	12	18	24	30	36	42	48	54	60	66	72
7	0	7	14	21	28	35	42	49	56	63	70	77	84
8	0	8	16	24	32	40	48	56	64	72	80	88	96
9	0	9	18	27	36	45	54	63	72	81	90	99	108
10	0	10	20	30	40	50	60	70	80	90	100	110	120
11	0	11	22	33	44	55	66	77	88	99	110	121	132
12	0	12	24	36	48	60	72	84	96	108	120	132	144

Name: ____________________

9 x

Date: __________ Score: ________

1. $\begin{array}{r} 9 \\ \times\ 0 \\ \hline \end{array}$

2. $\begin{array}{r} 9 \\ \times\ 1 \\ \hline \end{array}$

3. $\begin{array}{r} 9 \\ \times\ 2 \\ \hline \end{array}$

4. $\begin{array}{r} 9 \\ \times\ 3 \\ \hline \end{array}$

5. $\begin{array}{r} 9 \\ \times\ 4 \\ \hline \end{array}$

6. $\begin{array}{r} 9 \\ \times\ 5 \\ \hline \end{array}$

7. $\begin{array}{r} 9 \\ \times\ 6 \\ \hline \end{array}$

8. $\begin{array}{r} 9 \\ \times\ 7 \\ \hline \end{array}$

9. $\begin{array}{r} 9 \\ \times\ 8 \\ \hline \end{array}$

10. $\begin{array}{r} 9 \\ \times\ 9 \\ \hline \end{array}$

11. $\begin{array}{r} 9 \\ \times 10 \\ \hline \end{array}$

12. $\begin{array}{r} 9 \\ \times 11 \\ \hline \end{array}$

13. $\begin{array}{r} 9 \\ \times 12 \\ \hline \end{array}$

Name: ____________________

9 x

Date: __________ Score: _______

1. 9×5	2. 9×3	3. 9×9	4. 9×1
5. 9×7	6. 9×4	7. 9×12	8. 9×2
9. 9×0	10. 9×11	11. 9×6	12. 9×8
13. 9×10	14. 9×7	15. 9×9	16. 9×4

Name: ____________________

9 x

Date: __________ Score: ________

1. 9 x 4 = ____
2. 9 x 1 = ____
3. 9 x 9 = ____
4. 9 x 10 = ____
5. 9 x 2 = ____
6. 9 x 6 = ____
7. 9 x 8 = ____
8. 9 x 5 = ____
9. 9 x 12 = ____
10. 9 x 3 = ____
11. 9 x 7 = ____
12. 9 x 11 = ____
13. 9 x 0 = ____
14. 9 x 6 = ____
15. 9 x 5 = ____
16. 9 x 7 = ____
17. 9 x 3 = ____
18. 9 x 4 = ____
19. 9 x 9 = ____
20. 9 x 11 = ____
21. 9 x 2 = ____
22. 9 x 1 = ____
23. 9 x 8 = ____
24. 9 x 10 = ____
25. 9 x 12 = ____
26. 9 x 2 = ____
27. 9 x 4 = ____
28. 9 x 8 = ____
29. 9 x 6 = ____
30. 9 x 11 = ____
31. 9 x 7 = ____
32. 9 x 3 = ____
33. 9 x 9 = ____
34. 9 x 0 = ____
35. 9 x 1 = ____
36. 9 x 5 = ____

Name: ____________________ **9 x** Date: __________ Score: ________

1. 9 x 7 = ____
2. 9 x 11 = ____
3. 9 x 3 = ____
4. 9 x 0 = ____
5. 9 x 1 = ____
6. 9 x 5 = ____
7. 9 x 10 = ____
8. 9 x 2 = ____
9. 9 x 4 = ____
10. 9 x 8 = ____
11. 9 x 6 = ____
12. 9 x 3 = ____
13. 9 x 9 = ____
14. 9 x 4 = ____
15. 9 x 12 = ____
16. 9 x 1 = ____
17. 9 x 8 = ____
18. 9 x 0 = ____
19. 9 x 6 = ____
20. 9 x 5 = ____
21. 9 x 7 = ____
22. 9 x 11 = ____
23. 9 x 3 = ____
24. 9 x 2 = ____
25. 9 x 12 = ____
26. 9 x 8 = ____
27. 9 x 0 = ____
28. 9 x 3 = ____
29. 9 x 7 = ____
30. 9 x 10 = ____
31. 9 x 4 = ____
32. 9 x 1 = ____
33. 9 x 6 = ____
34. 9 x 2 = ____
35. 9 x 9 = ____
36. 9 x 8 = ____

Name: ____________________ **9 x** Date: __________ Score: ______

Complete the circle by multiplying the numbers with the center number. The first one has been done for you.

1.

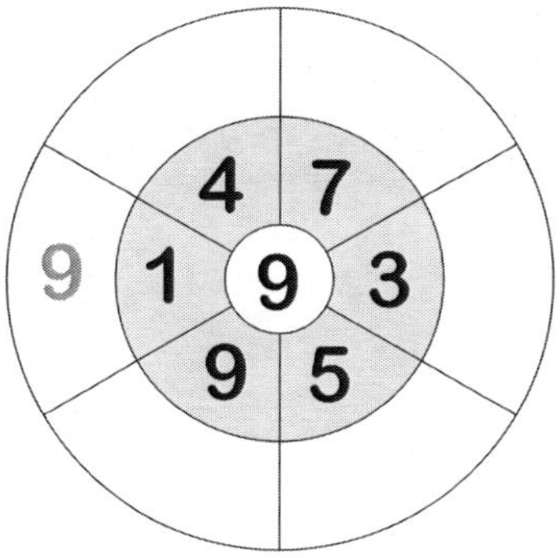

2.

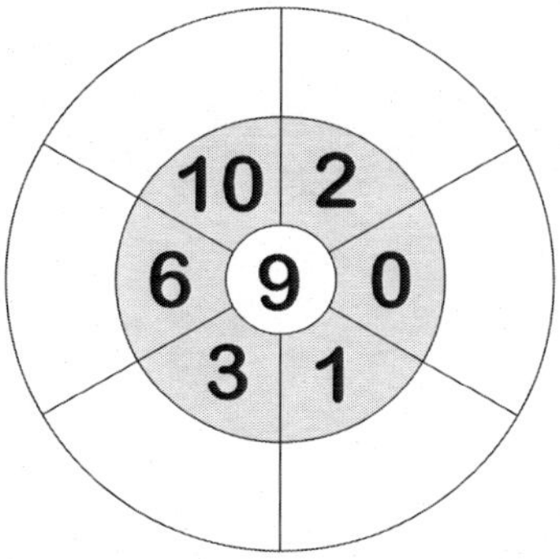

3.

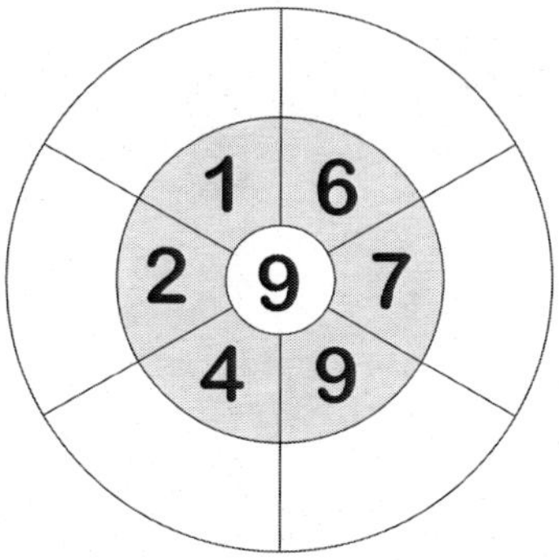

4.

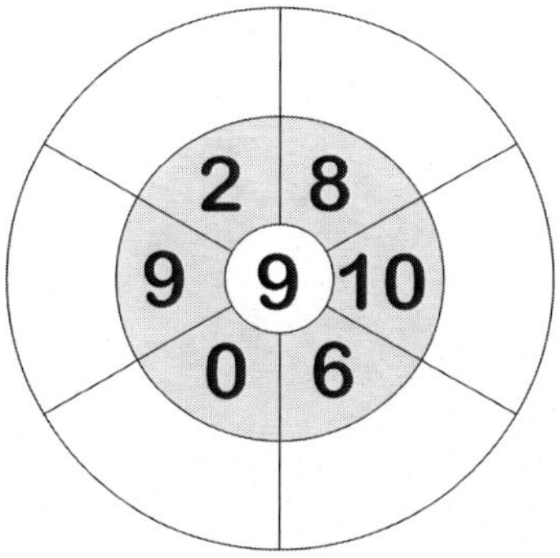

5.

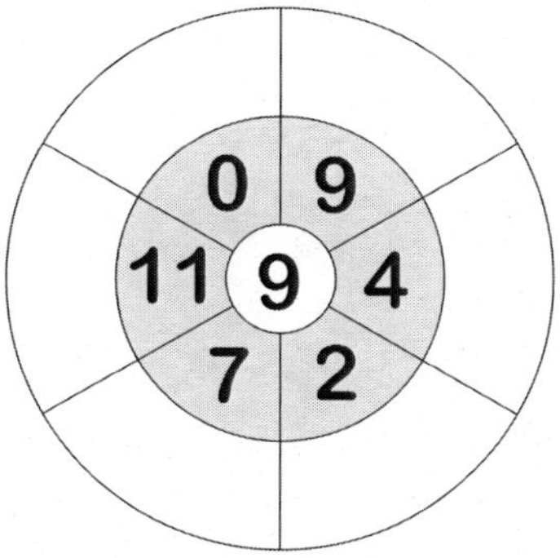

6.

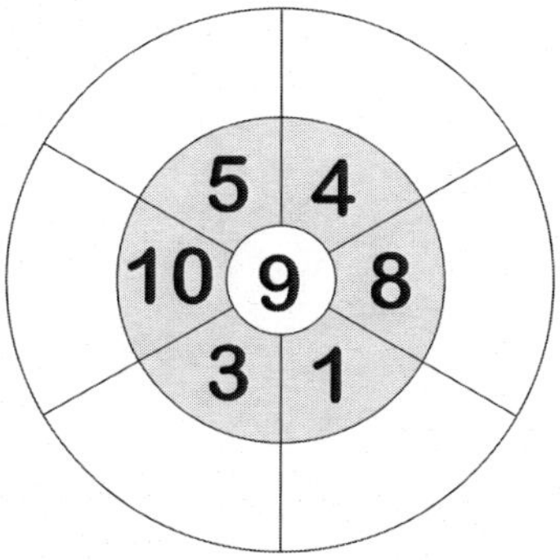

7.

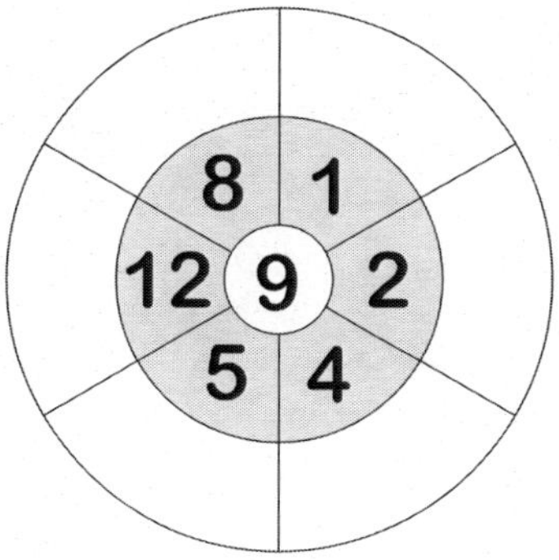

8.

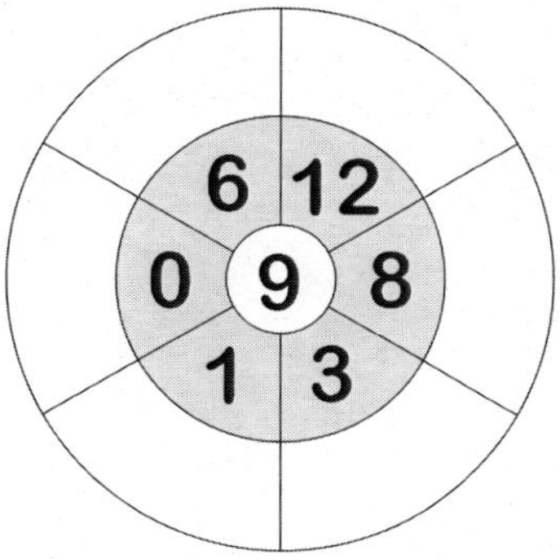

9.

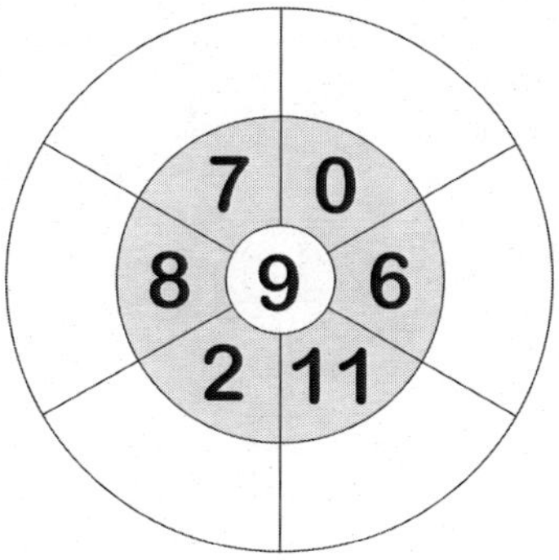

Name: ____________________ **9 x** Date: __________ Score: ________

Complete the circle by multiplying the numbers with the center number.

1. Center: 9 — 6, 1, 4, 10, 2, 0

2. Center: 9 — 9, 3, 5, 7, 1, 2

3. Center: 9 — 3, 12, 8, 5, 2, 6

4. Center: 9 — 5, 3, 7, 4, 11, 8

5. Center: 9 — 6, 2, 9, 1, 5, 12

6. Center: 9 — 3, 7, 0, 4, 10, 6

7. Center: 9 — 9, 2, 1, 8, 4, 10

8. Center: 9 — 3, 11, 5, 0, 7, 6

9. Center: 9 — 1, 3, 9, 12, 8, 2

Name: ______________________

8x - 9x

Date: __________ Score: ________

1. 8 x 3 = ____
2. 9 x 8 = ____
3. 8 x 8 = ____
4. 8 x 0 = ____
5. 9 x 7 = ____
6. 8 x 4 = ____
7. 9 x 11 = ____
8. 9 x 9 = ____
9. 8 x 6 = ____
10. 8 x 12 = ____
11. 9 x 2 = ____
12. 8 x 5 = ____
13. 9 x 4 = ____
14. 8 x 10 = ____
15. 8 x 2 = ____
16. 9 x 3 = ____
17. 8 x 7 = ____
18. 9 x 12 = ____
19. 9 x 6 = ____
20. 8 x 1 = ____
21. 8 x 9 = ____
22. 9 x 0 = ____
23. 9 x 8 = ____
24. 9 x 1 = ____
25. 8 x 6 = ____
26. 9 x 2 = ____
27. 8 x 11 = ____
28. 8 x 5 = ____
29. 9 x 9 = ____
30. 9 x 10 = ____
31. 8 x 8 = ____
32. 9 x 4 = ____
33. 8 x 3 = ____
34. 9 x 5 = ____
35. 9 x 7 = ____
36. 8 x 0 = ____

10 Times Table

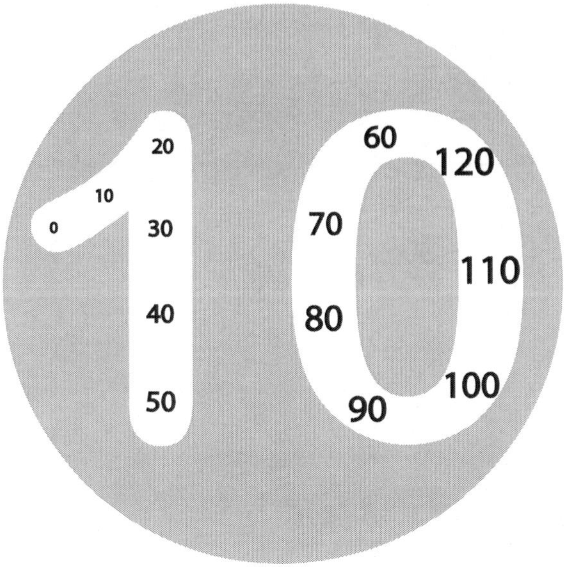

10 x 0 = 0
10 x 1 = 10
10 x 2 = 20
10 x 3 = 30
10 x 4 = 40
10 x 5 = 50
10 x 6 = 60
10 x 7 = 70
10 x 8 = 80
10 x 9 = 90
10 x 10 = 100
10 x 11 = 110
10 x 12 = 120

X	0	1	2	3	4	5	6	7	8	9	10	11	12
0	0	0	0	0	0	0	0	0	0	0	0	0	0
1	0	1	2	3	4	5	6	7	8	9	10	11	12
2	0	2	4	6	8	10	12	14	16	18	20	22	24
3	0	3	6	9	12	15	18	21	24	27	30	33	36
4	0	4	8	12	16	20	24	28	32	36	40	44	48
5	0	5	10	15	20	25	30	35	40	45	50	55	60
6	0	6	12	18	24	30	36	42	48	54	60	66	72
7	0	7	14	21	28	35	42	49	56	63	70	77	84
8	0	8	16	24	32	40	48	56	64	72	80	88	96
9	0	9	18	27	36	45	54	63	72	81	90	99	108
10	0	10	20	30	40	50	60	70	80	90	100	110	120
11	0	11	22	33	44	55	66	77	88	99	110	121	132
12	0	12	24	36	48	60	72	84	96	108	120	132	144

Name: ______________________

10 x

Date: __________ Score: _______

1. 10 x 0 = ____
2. 10 x 1 = ____
3. 10 x 2 = ____
4. 10 x 3 = ____
5. 10 x 4 = ____
6. 10 x 5 = ____
7. 10 x 6 = ____
8. 10 x 7 = ____
9. 10 x 8 = ____
10. 10 x 9 = ____
11. 10 x 10 = ____
12. 10 x 11 = ____
13. 10 x 12 = ____

Name: ______________________

10 x

Date: ___________ Score: _______

1. 10×5	2. 10×3	3. 10×9	4. 10×1
5. 10×7	6. 10×4	7. 10×12	8. 10×2
9. 10×0	10. 10×11	11. 10×6	12. 10×8
13. 10×10	14. 10×7	15. 10×9	16. 10×4

Name: ______________________ **10 x** Date: __________ Score: _______

1. 10 x 4 = _____
2. 10 x 1 = _____
3. 10 x 9 = _____
4. 10 x 10 = _____
5. 10 x 2 = _____
6. 10 x 6 = _____
7. 10 x 8 = _____
8. 10 x 5 = _____
9. 10 x 12 = _____
10. 10 x 3 = _____
11. 10 x 7 = _____
12. 10 x 11 = _____
13. 10 x 0 = _____
14. 10 x 6 = _____
15. 10 x 5 = _____
16. 10 x 7 = _____
17. 10 x 3 = _____
18. 10 x 4 = _____
19. 10 x 9 = _____
20. 10 x 11 = _____
21. 10 x 2 = _____
22. 10 x 1 = _____
23. 10 x 8 = _____
24. 10 x 10 = _____
25. 10 x 12 = _____
26. 10 x 2 = _____
27. 10 x 4 = _____
28. 10 x 8 = _____
29. 10 x 6 = _____
30. 10 x 11 = _____
31. 10 x 7 = _____
32. 10 x 3 = _____
33. 10 x 9 = _____
34. 10 x 0 = _____
35. 10 x 1 = _____
36. 10 x 5 = _____

10 x

Name: ______________________ Date: __________ Score: ________

1. 10 x 7 = ____
2. 10 x 11 = ____
3. 10 x 3 = ____
4. 10 x 0 = ____
5. 10 x 1 = ____
6. 10 x 5 = ____
7. 10 x 10 = ____
8. 10 x 2 = ____
9. 10 x 4 = ____
10. 10 x 8 = ____
11. 10 x 6 = ____
12. 10 x 3 = ____
13. 10 x 9 = ____
14. 10 x 4 = ____
15. 10 x 12 = ____
16. 10 x 1 = ____
17. 10 x 8 = ____
18. 10 x 0 = ____
19. 10 x 6 = ____
20. 10 x 5 = ____
21. 10 x 7 = ____
22. 10 x 11 = ____
23. 10 x 3 = ____
24. 10 x 2 = ____
25. 10 x 12 = ____
26. 10 x 8 = ____
27. 10 x 0 = ____
28. 10 x 3 = ____
29. 10 x 7 = ____
30. 10 x 10 = ____
31. 10 x 4 = ____
32. 10 x 1 = ____
33. 10 x 6 = ____
34. 10 x 2 = ____
35. 10 x 9 = ____
36. 10 x 8 = ____

Name: ____________________

10 x

Date: __________ Score: ______

Complete the circle by multiplying the numbers with the center number. The first one has been done for you.

1.

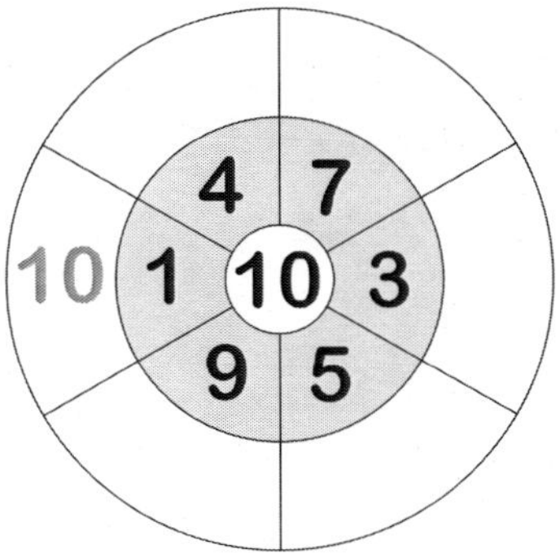

2.

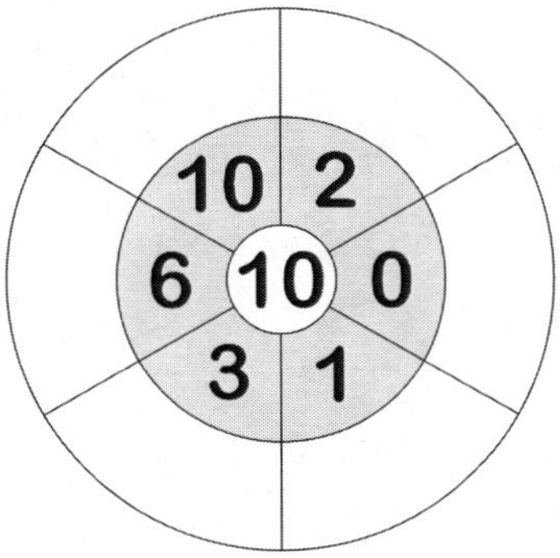

3.

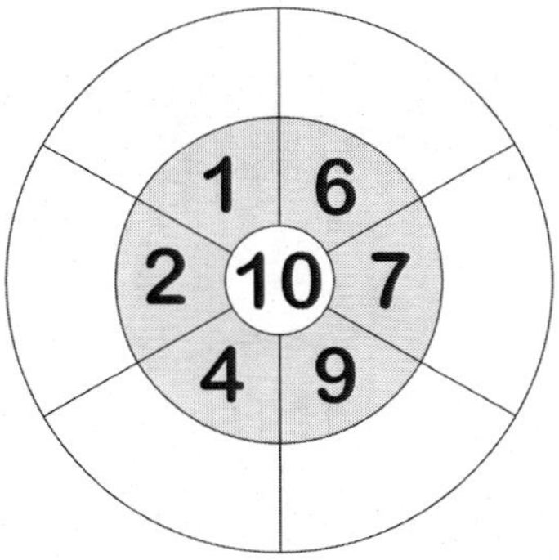

4.

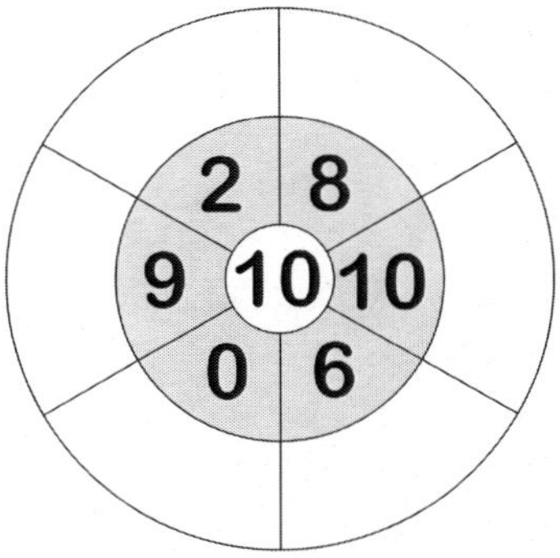

5.

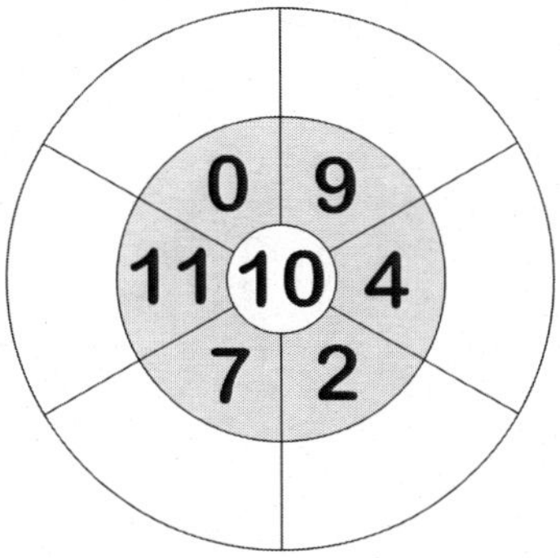

6.

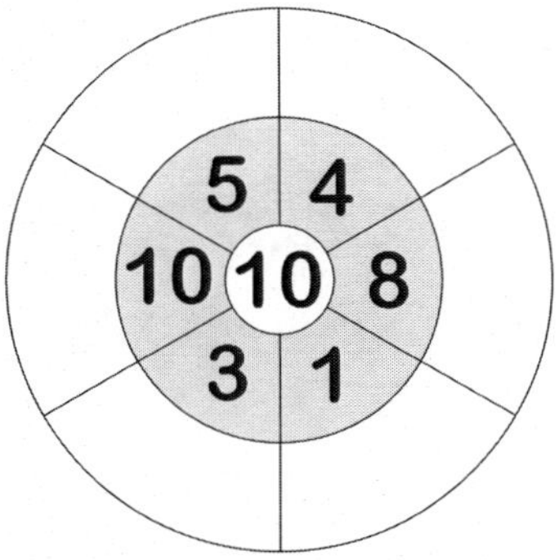

7.

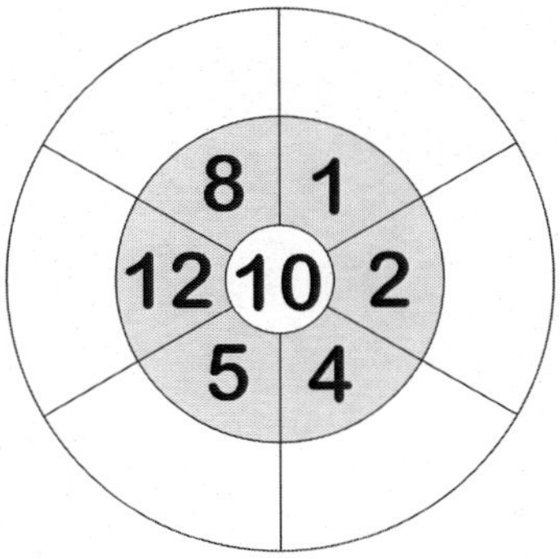

8.

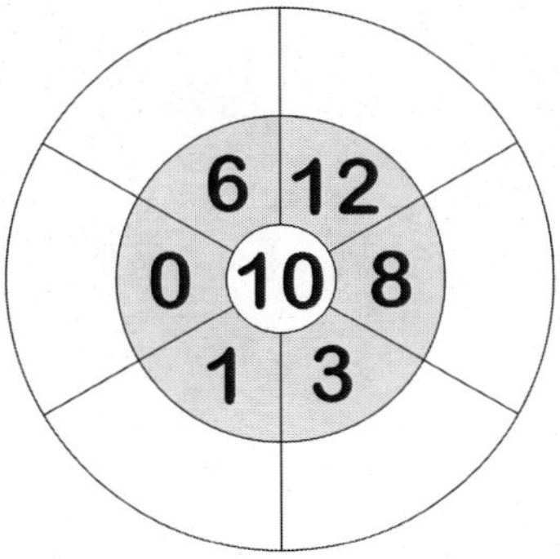

9.

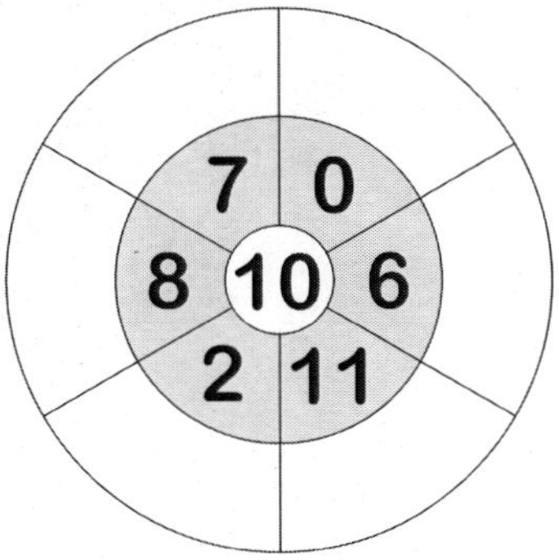

Name: ____________________ # 10 x Date: __________ Score: ______

Complete the circle by multiplying the numbers with the center number.

1.

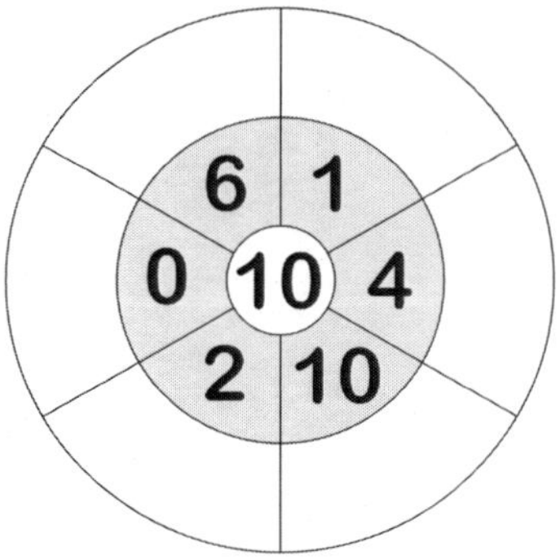

2.

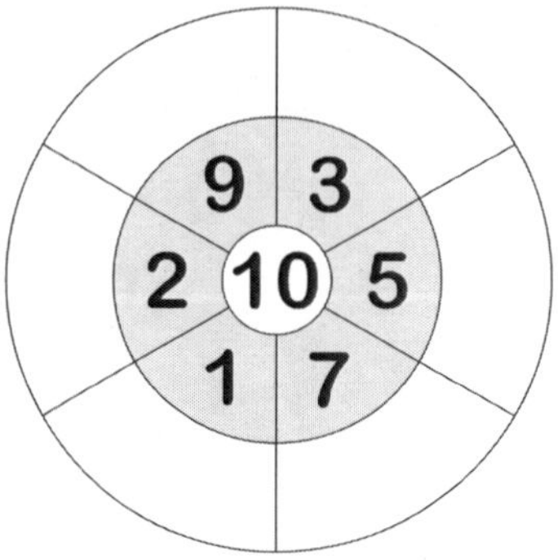

3.

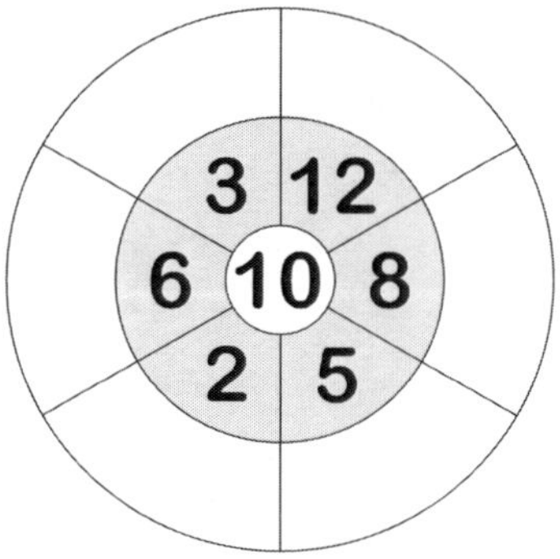

4.

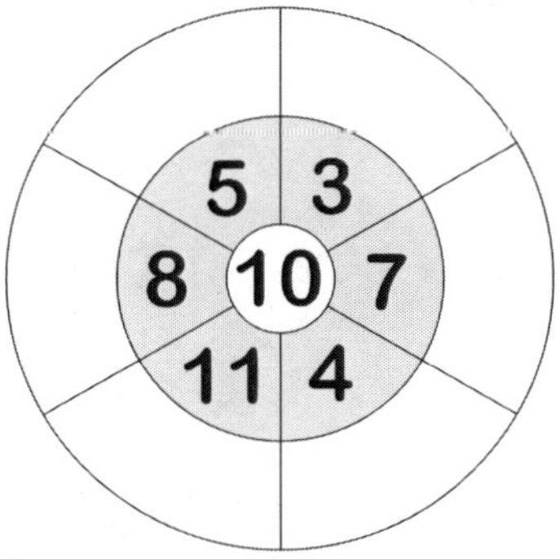

5.

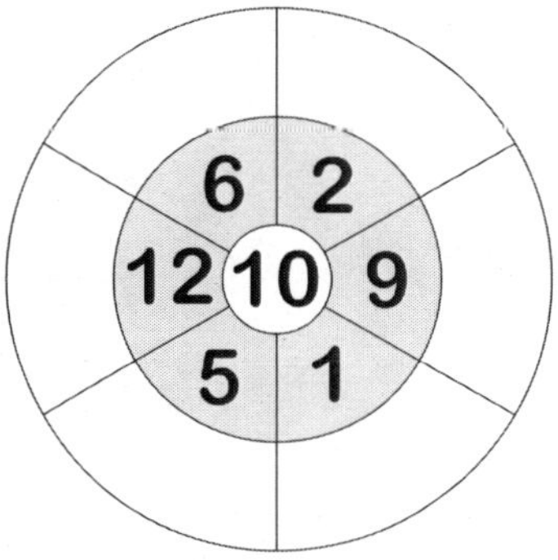

6.

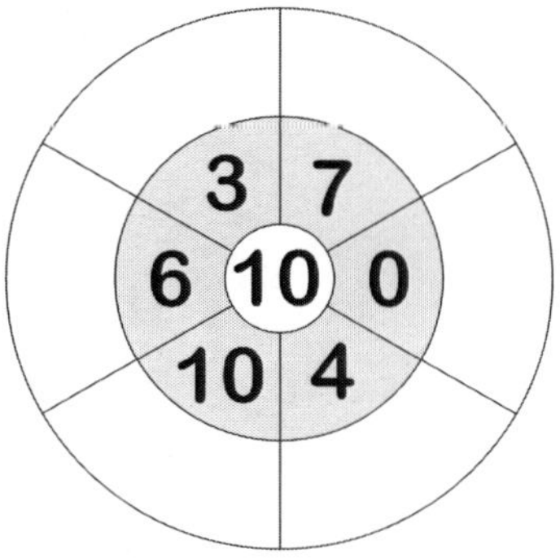

7.

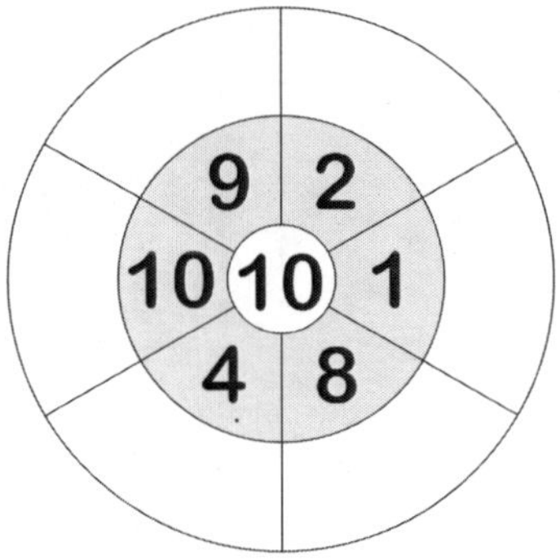

8.

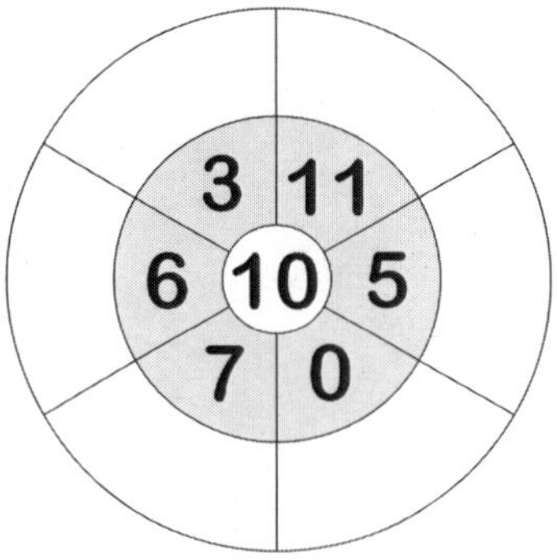

9.

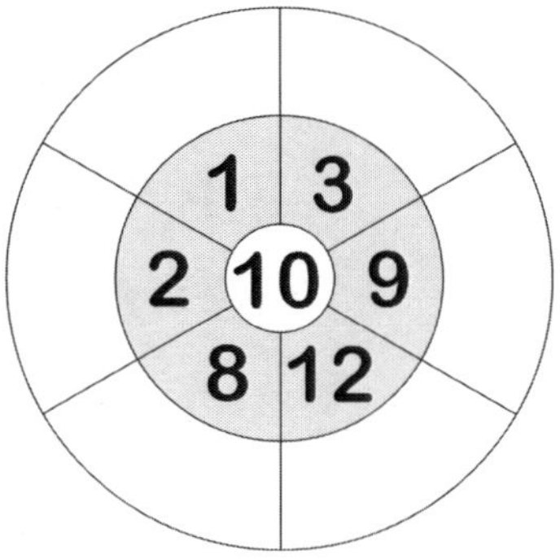

Name: ____________

9x - 10x

Date: ________ Score: ______

1. 9 x 3 = ____
2. 10 x 8 = ____
3. 9 x 8 = ____
4. 9 x 0 = ____
5. 10 x 7 = ____
6. 9 x 4 = ____
7. 10 x 11 = ____
8. 10 x 9 = ____
9. 9 x 6 = ____
10. 9 x 12 = ____
11. 10 x 2 = ____
12. 9 x 5 = ____
13. 10 x 4 = ____
14. 9 x 10 = ____
15. 9 x 2 = ____
16. 10 x 3 = ____
17. 9 x 7 = ____
18. 10 x 12 = ____
19. 10 x 6 = ____
20. 9 x 1 = ____
21. 9 x 9 = ____
22. 10 x 0 = ____
23. 10 x 8 = ____
24. 10 x 1 = ____
25. 9 x 6 = ____
26. 10 x 2 = ____
27. 9 x 11 = ____
28. 9 x 5 = ____
29. 10 x 9 = ____
30. 10 x 10 = ____
31. 9 x 8 = ____
32. 10 x 4 = ____
33. 9 x 3 = ____
34. 10 x 5 = ____
35. 10 x 7 = ____
36. 9 x 0 = ____

11 Times Table

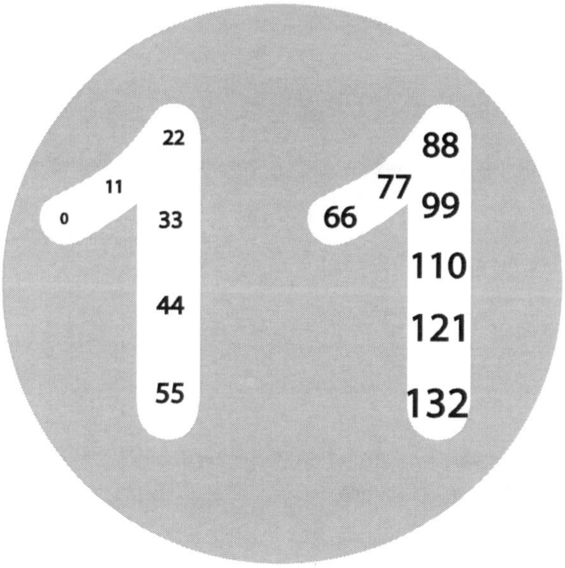

11 x 0 = 0

11 x 1 = 11

11 x 2 = 22

11 x 3 = 33

11 x 4 = 44

11 x 5 = 55

11 x 6 = 66

11 x 7 = 77

11 x 8 = 88

11 x 9 = 99

11 x 10 = 110

11 x 11 = 121

11 x 12 = 132

X	0	1	2	3	4	5	6	7	8	9	10	11	12
0	0	0	0	0	0	0	0	0	0	0	0	0	0
1	0	1	2	3	4	5	6	7	8	9	10	11	12
2	0	2	4	6	8	10	12	14	16	18	20	22	24
3	0	3	6	9	12	15	18	21	24	27	30	33	36
4	0	4	8	12	16	20	24	28	32	36	40	44	48
5	0	5	10	15	20	25	30	35	40	45	50	55	60
6	0	6	12	18	24	30	36	42	48	54	60	66	72
7	0	7	14	21	28	35	42	49	56	63	70	77	84
8	0	8	16	24	32	40	48	56	64	72	80	88	96
9	0	9	18	27	36	45	54	63	72	81	90	99	108
10	0	10	20	30	40	50	60	70	80	90	100	110	120
11	0	11	22	33	44	55	66	77	88	99	110	121	132
12	0	12	24	36	48	60	72	84	96	108	120	132	144

Name: ____________________ **11 x** Date: __________ Score: ________

1. 11×0 = ____

2. 11×1 = ____

3. 11×2 = ____

4. 11×3 = ____

5. 11×4 = ____

6. 11×5 = ____

7. 11×6 = ____

8. 11×7 = ____

9. 11×8 = ____

10. 11×9 = ____

11. 11×10 = ____

12. 11×11 = ____

13. 11×12 = ____

Name: ____________________

11 x

Date: __________ Score: ________

1. 11×5 = ____
2. 11×3 = ____
3. 11×9 = ____
4. 11×1 = ____
5. 11×7 = ____
6. 11×4 = ____
7. 11×12 = ____
8. 11×2 = ____
9. 11×0 = ____
10. 11×11 = ____
11. 11×6 = ____
12. 11×8 = ____
13. 11×10 = ____
14. 11×7 = ____
15. 11×9 = ____
16. 11×4 = ____

Name: ______________________

11 x

Date: __________ Score: ________

1. 11 x 4 = _____
2. 11 x 1 = _____
3. 11 x 9 = _____
4. 11 x 10 = _____
5. 11 x 2 = _____
6. 11 x 6 = _____
7. 11 x 8 = _____
8. 11 x 5 = _____
9. 11 x 12 = _____
10. 11 x 3 = _____
11. 11 x 7 = _____
12. 11 x 11 = _____
13. 11 x 0 = _____
14. 11 x 6 = _____
15. 11 x 5 = _____
16. 11 x 7 = _____
17. 11 x 3 = _____
18. 11 x 4 = _____
19. 11 x 9 = _____
20. 11 x 11 = _____
21. 11 x 2 = _____
22. 11 x 1 = _____
23. 11 x 8 = _____
24. 11 x 10 = _____
25. 11 x 12 = _____
26. 11 x 2 = _____
27. 11 x 4 = _____
28. 11 x 8 = _____
29. 11 x 6 = _____
30. 11 x 11 = _____
31. 11 x 7 = _____
32. 11 x 3 = _____
33. 11 x 9 = _____
34. 11 x 0 = _____
35. 11 x 1 = _____
36. 11 x 5 = _____

Name: ____________ # 11 x Date: ________ Score: ______

1. 11 x 7 = ____
2. 11 x 11 = ____
3. 11 x 3 = ____
4. 11 x 0 = ____
5. 11 x 1 = ____
6. 11 x 5 = ____
7. 11 x 10 = ____
8. 11 x 2 = ____
9. 11 x 4 = ____
10. 11 x 8 = ____
11. 11 x 6 = ____
12. 11 x 3 = ____
13. 11 x 9 = ____
14. 11 x 4 = ____
15. 11 x 12 = ____
16. 11 x 1 = ____
17. 11 x 8 = ____
18. 11 x 0 = ____
19. 11 x 6 = ____
20. 11 x 5 = ____
21. 11 x 7 = ____
22. 11 x 11 = ____
23. 11 x 3 = ____
24. 11 x 2 = ____
25. 11 x 12 = ____
26. 11 x 8 = ____
27. 11 x 0 = ____
28. 11 x 3 = ____
29. 11 x 7 = ____
30. 11 x 10 = ____
31. 11 x 4 = ____
32. 11 x 1 = ____
33. 11 x 6 = ____
34. 11 x 2 = ____
35. 11 x 9 = ____
36. 11 x 8 = ____

Name: ______________________ # 11 x Date: __________ Score: _______

Complete the circle by multiplying the numbers with the center number. The first one has been done for you.

1. Center: 11 — 4, 7, 3, 5, 9, 1 (1 → 11)

2. Center: 11 — 10, 2, 0, 1, 3, 6

3. Center: 11 — 1, 6, 7, 9, 4, 2

4. Center: 11 — 2, 8, 10, 6, 0, 9

5. Center: 11 — 0, 9, 4, 2, 7, 11

6. Center: 11 — 5, 4, 8, 1, 3, 10

7. Center: 11 — 8, 1, 2, 4, 5, 12

8. Center: 11 — 6, 12, 8, 3, 1, 0

9. Center: 11 — 7, 0, 6, 11, 2, 8

Name: ______________________ **11 x** Date: ___________ Score: _______

Complete the circle by multiplying the numbers with the center number.

1.

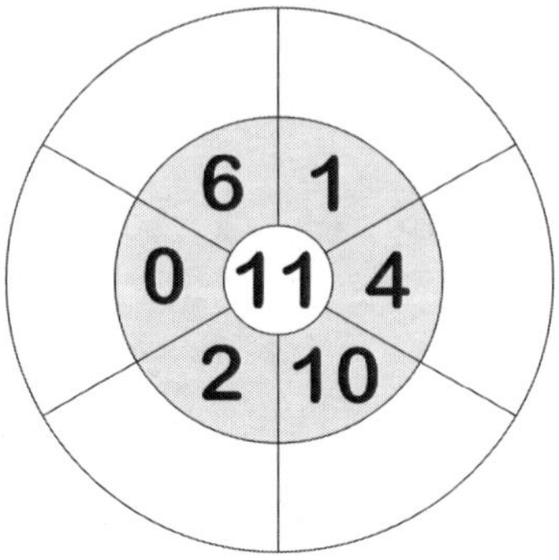

2.

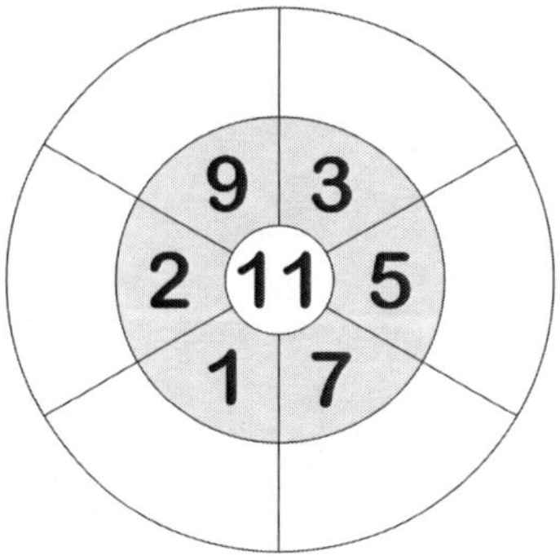

3.

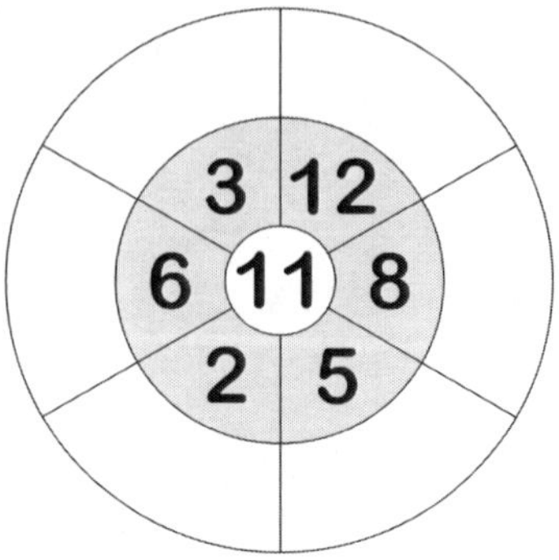

4.

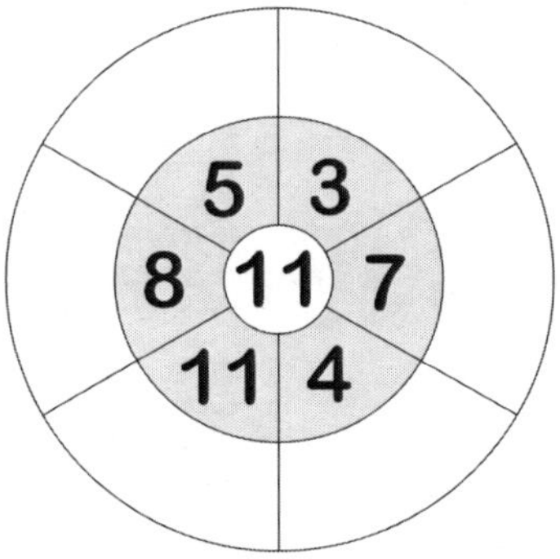

5.

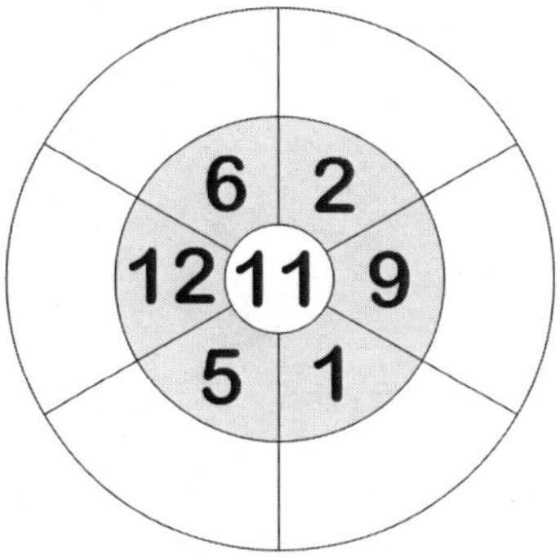

6.

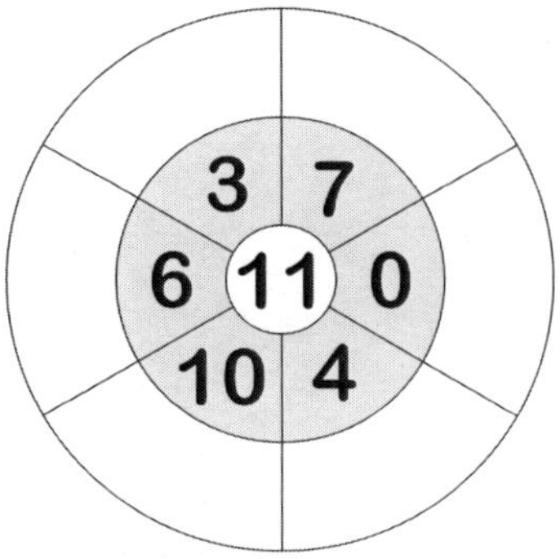

7.

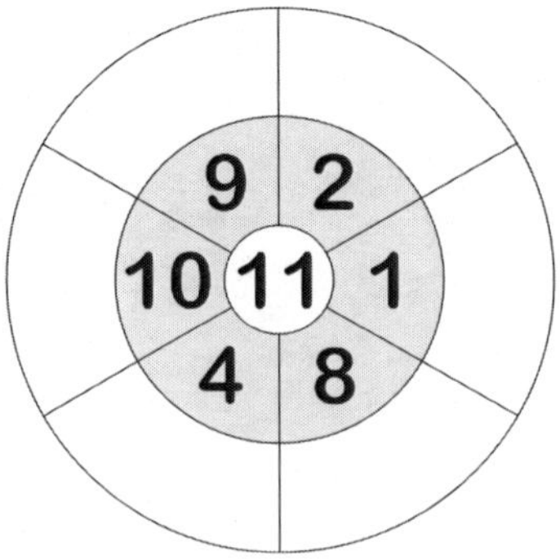

8.

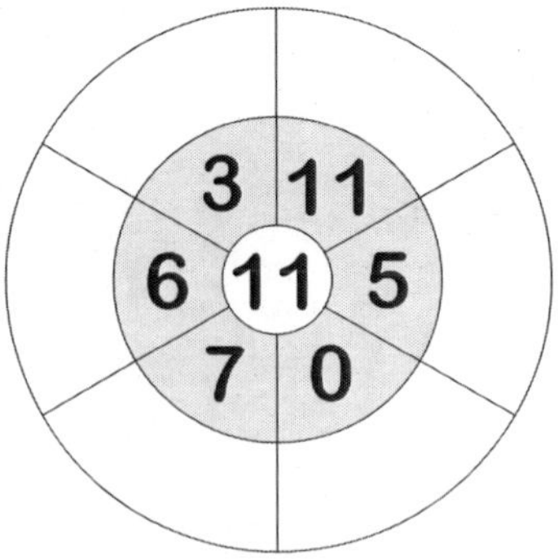

9.

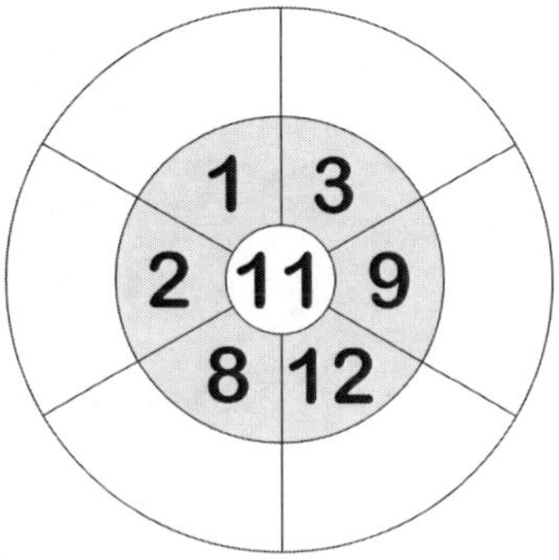

Name: ____________________ # 10x - 11x Date: __________ Score: ________

1. 10 x 3 = ____
2. 11 x 8 = ____
3. 10 x 8 = ____
4. 10 x 0 = ____
5. 11 x 7 = ____
6. 10 x 4 = ____
7. 11 x 11 = ____
8. 11 x 9 = ____
9. 10 x 6 = ____
10. 10 x 12 = ____
11. 11 x 2 = ____
12. 10 x 5 = ____
13. 11 x 4 = ____
14. 10 x 10 = ____
15. 10 x 2 = ____
16. 11 x 3 = ____
17. 10 x 7 = ____
18. 11 x 12 = ____
19. 11 x 6 = ____
20. 10 x 1 = ____
21. 10 x 9 = ____
22. 11 x 0 = ____
23. 11 x 8 = ____
24. 11 x 1 = ____
25. 10 x 6 = ____
26. 11 x 2 = ____
27. 10 x 11 = ____
28. 10 x 5 = ____
29. 11 x 9 = ____
30. 11 x 10 = ____
31. 10 x 8 = ____
32. 11 x 4 = ____
33. 10 x 3 = ____
34. 11 x 5 = ____
35. 11 x 7 = ____
36. 10 x 0 = ____

12 Times Table

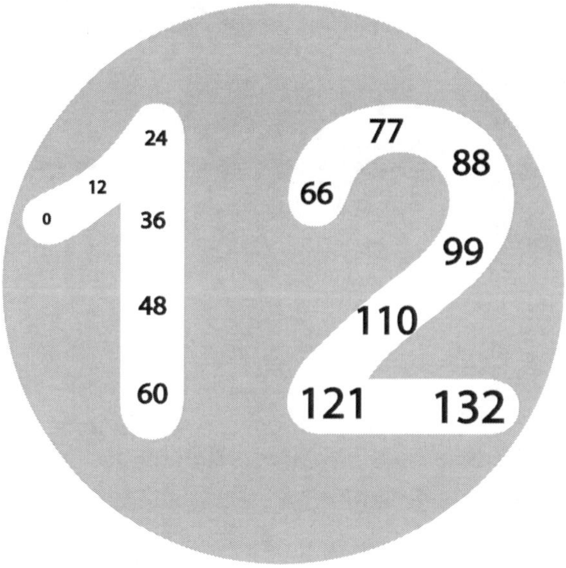

12 x 0 = 0
12 x 1 = 12
12 x 2 = 24
12 x 3 = 36
12 x 4 = 48
12 x 5 = 60
12 x 6 = 72
12 x 7 = 84
12 x 8 = 96
12 x 9 = 108
12 x 10 = 120
12 x 11 = 132
12 x 12 = 144

X	0	1	2	3	4	5	6	7	8	9	10	11	12
0	0	0	0	0	0	0	0	0	0	0	0	0	0
1	0	1	2	3	4	5	6	7	8	9	10	11	12
2	0	2	4	6	8	10	12	14	16	18	20	22	24
3	0	3	6	9	12	15	18	21	24	27	30	33	36
4	0	4	8	12	16	20	24	28	32	36	40	44	48
5	0	5	10	15	20	25	30	35	40	45	50	55	60
6	0	6	12	18	24	30	36	42	48	54	60	66	72
7	0	7	14	21	28	35	42	49	56	63	70	77	84
8	0	8	16	24	32	40	48	56	64	72	80	88	96
9	0	9	18	27	36	45	54	63	72	81	90	99	108
10	0	10	20	30	40	50	60	70	80	90	100	110	120
11	0	11	22	33	44	55	66	77	88	99	110	121	132
12	0	12	24	36	48	60	72	84	96	108	120	132	144

Name: ______________________

12 x

Date: __________ Score: _______

1. $\begin{array}{r} 12 \\ \times\ 0 \\ \hline \end{array}$

2. $\begin{array}{r} 12 \\ \times\ 1 \\ \hline \end{array}$

3. $\begin{array}{r} 12 \\ \times\ 2 \\ \hline \end{array}$

4. $\begin{array}{r} 12 \\ \times\ 3 \\ \hline \end{array}$

5. $\begin{array}{r} 12 \\ \times\ 4 \\ \hline \end{array}$

6. $\begin{array}{r} 12 \\ \times\ 5 \\ \hline \end{array}$

7. $\begin{array}{r} 12 \\ \times\ 6 \\ \hline \end{array}$

8. $\begin{array}{r} 12 \\ \times\ 7 \\ \hline \end{array}$

9. $\begin{array}{r} 12 \\ \times\ 8 \\ \hline \end{array}$

10. $\begin{array}{r} 12 \\ \times\ 9 \\ \hline \end{array}$

11. $\begin{array}{r} 12 \\ \times 10 \\ \hline \end{array}$

12. $\begin{array}{r} 12 \\ \times 11 \\ \hline \end{array}$

13. $\begin{array}{r} 12 \\ \times 12 \\ \hline \end{array}$

Name: ______________________

12 x

Date: __________ Score: ________

1. $\begin{array}{r} 12 \\ \times\ 5 \\ \hline \end{array}$

2. $\begin{array}{r} 12 \\ \times\ 3 \\ \hline \end{array}$

3. $\begin{array}{r} 12 \\ \times\ 9 \\ \hline \end{array}$

4. $\begin{array}{r} 12 \\ \times\ 1 \\ \hline \end{array}$

5. $\begin{array}{r} 12 \\ \times\ 7 \\ \hline \end{array}$

6. $\begin{array}{r} 12 \\ \times\ 4 \\ \hline \end{array}$

7. $\begin{array}{r} 12 \\ \times 12 \\ \hline \end{array}$

8. $\begin{array}{r} 12 \\ \times\ 2 \\ \hline \end{array}$

9. $\begin{array}{r} 12 \\ \times\ 0 \\ \hline \end{array}$

10. $\begin{array}{r} 12 \\ \times 11 \\ \hline \end{array}$

11. $\begin{array}{r} 12 \\ \times\ 6 \\ \hline \end{array}$

12. $\begin{array}{r} 12 \\ \times\ 8 \\ \hline \end{array}$

13. $\begin{array}{r} 12 \\ \times 10 \\ \hline \end{array}$

14. $\begin{array}{r} 12 \\ \times\ 7 \\ \hline \end{array}$

15. $\begin{array}{r} 12 \\ \times\ 9 \\ \hline \end{array}$

16. $\begin{array}{r} 12 \\ \times\ 4 \\ \hline \end{array}$

Name: ____________________ **12 x** Date: __________ Score: ________

1. 12 x 4 = ____
2. 12 x 1 = ____
3. 12 x 9 = ____
4. 12 x 10 = ____
5. 12 x 2 = ____
6. 12 x 6 = ____
7. 12 x 8 = ____
8. 12 x 5 = ____
9. 12 x 12 = ____
10. 12 x 3 = ____
11. 12 x 7 = ____
12. 12 x 11 = ____
13. 12 x 0 = ____
14. 12 x 6 = ____
15. 12 x 5 = ____
16. 12 x 7 = ____
17. 12 x 3 = ____
18. 12 x 4 = ____
19. 12 x 9 = ____
20. 12 x 11 = ____
21. 12 x 2 = ____
22. 12 x 1 = ____
23. 12 x 8 = ____
24. 12 x 10 = ____
25. 12 x 12 = ____
26. 12 x 2 = ____
27. 12 x 4 = ____
28. 12 x 8 = ____
29. 12 x 6 = ____
30. 12 x 11 = ____
31. 12 x 7 = ____
32. 12 x 3 = ____
33. 12 x 9 = ____
34. 12 x 0 = ____
35. 12 x 1 = ____
36. 12 x 5 = ____

Name: ______________________ **12 x** Date: __________ Score: ________

1. 12 x 7 = ____
2. 12 x 11 = ____
3. 12 x 3 = ____
4. 12 x 0 = ____
5. 12 x 1 = ____
6. 12 x 5 = ____
7. 12 x 10 = ____
8. 12 x 2 = ____
9. 12 x 4 = ____
10. 12 x 8 = ____
11. 12 x 6 = ____
12. 12 x 3 = ____
13. 12 x 9 = ____
14. 12 x 4 = ____
15. 12 x 12 = ____
16. 12 x 1 = ____
17. 12 x 8 = ____
18. 12 x 0 = ____
19. 12 x 6 = ____
20. 12 x 5 = ____
21. 12 x 7 = ____
22. 12 x 11 = ____
23. 12 x 3 = ____
24. 12 x 2 = ____
25. 12 x 12 = ____
26. 12 x 8 = ____
27. 12 x 0 = ____
28. 12 x 3 = ____
29. 12 x 7 = ____
30. 12 x 10 = ____
31. 12 x 4 = ____
32. 12 x 1 = ____
33. 12 x 6 = ____
34. 12 x 2 = ____
35. 12 x 9 = ____
36. 12 x 8 = ____

Name: ______________________

12 x

Date: __________ Score: _______

Complete the circle by multiplying the numbers with the center number. The first one has been done for you.

1.

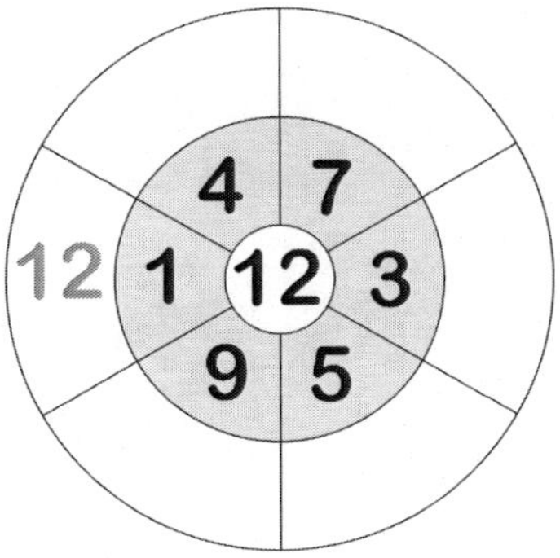

2.

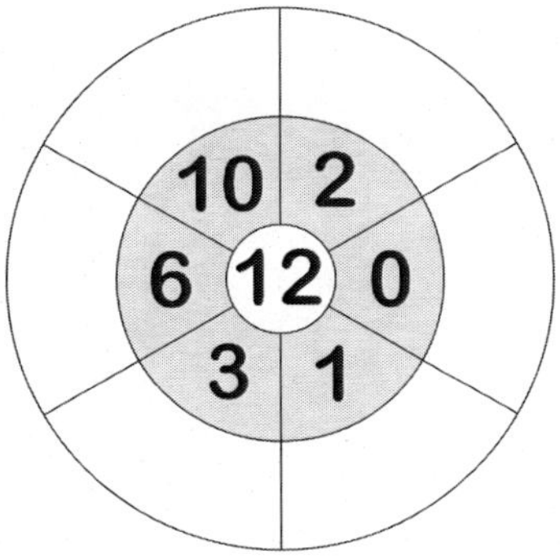

3.

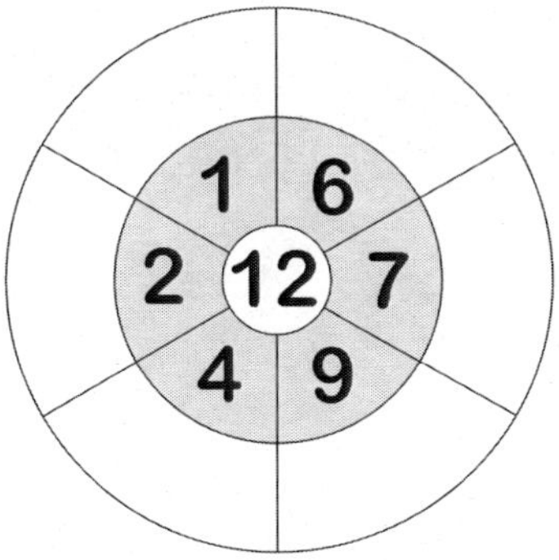

4.

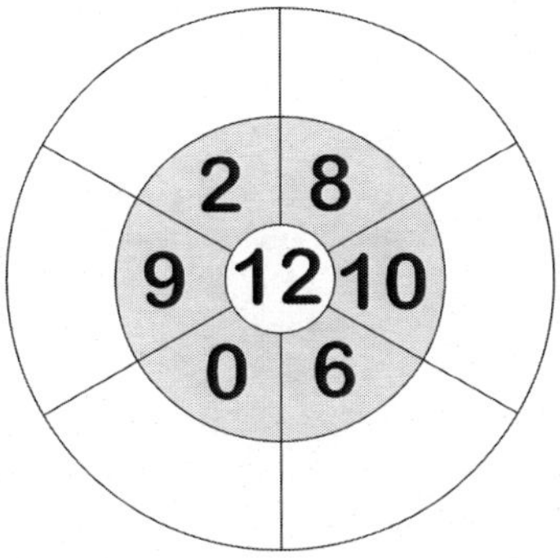

5.

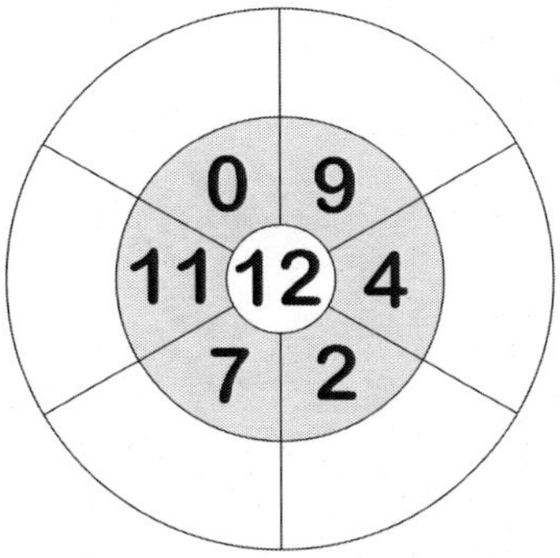

6.

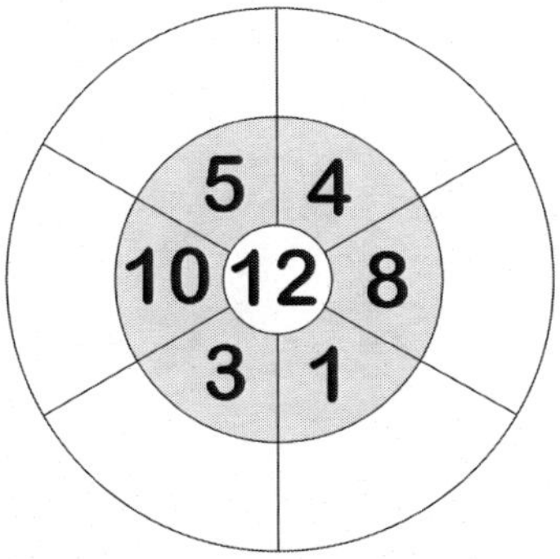

7.

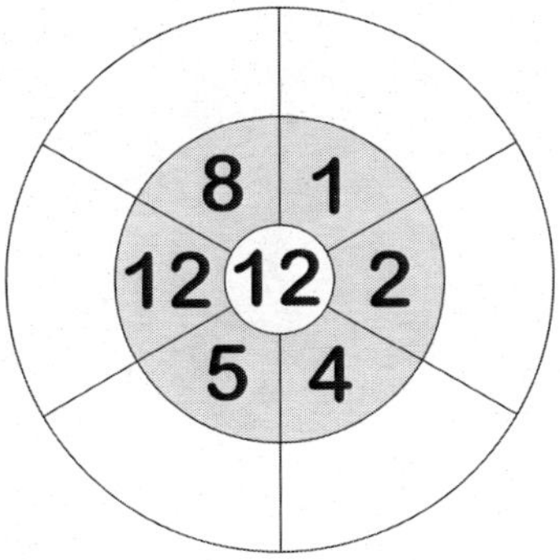

8.

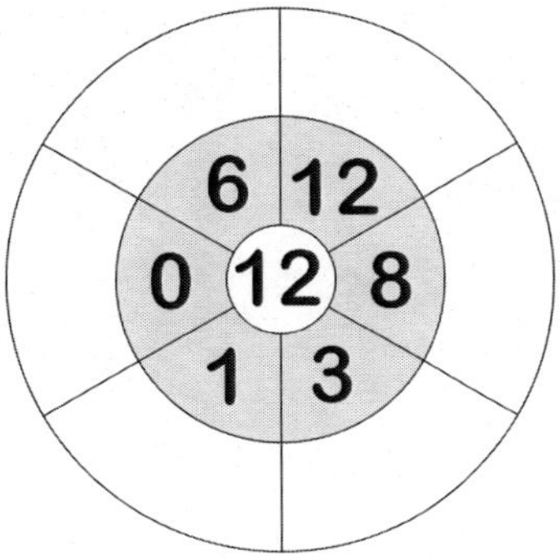

9.

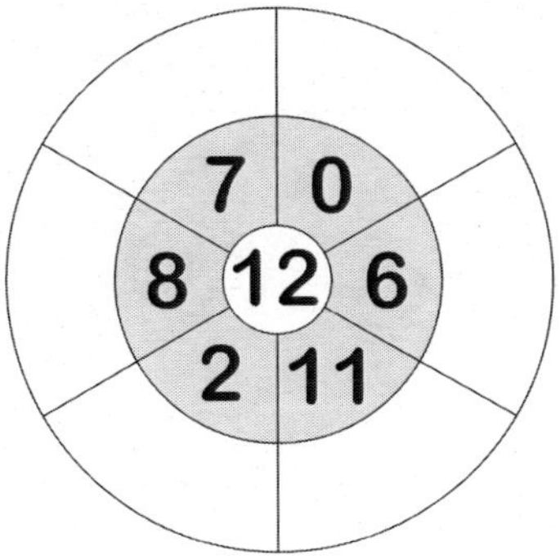

Name: ______________________ **12 x** Date: ___________ Score: _______

Complete the circle by multiplying the numbers with the center number.

1.

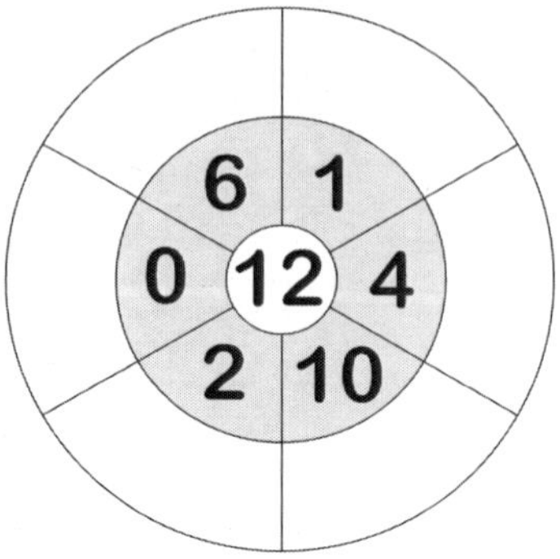

2.

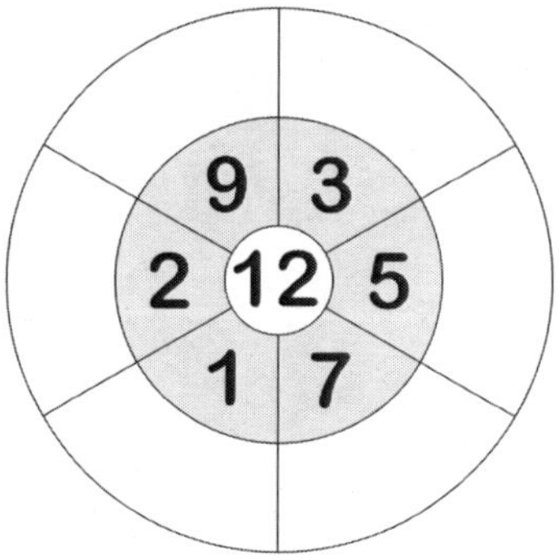

3.

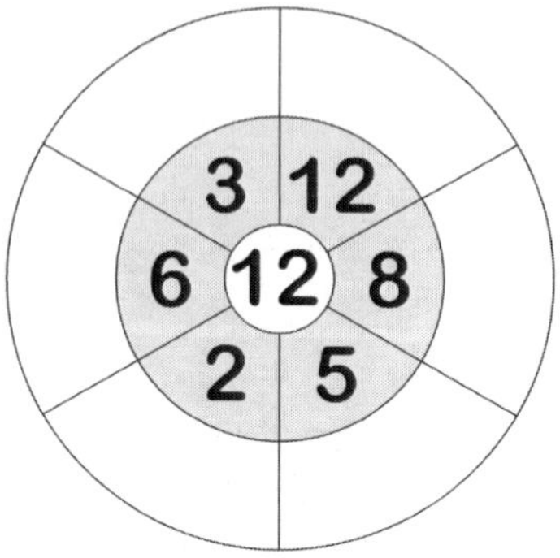

4.

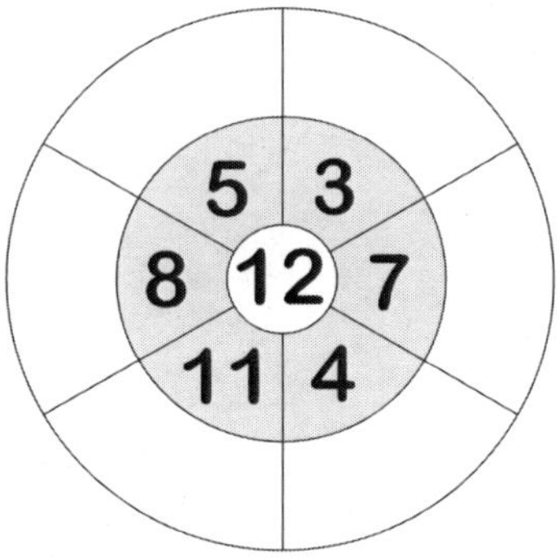

5.

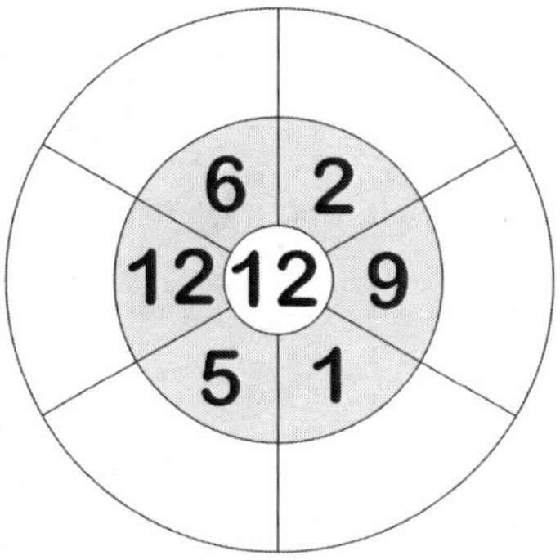

6.

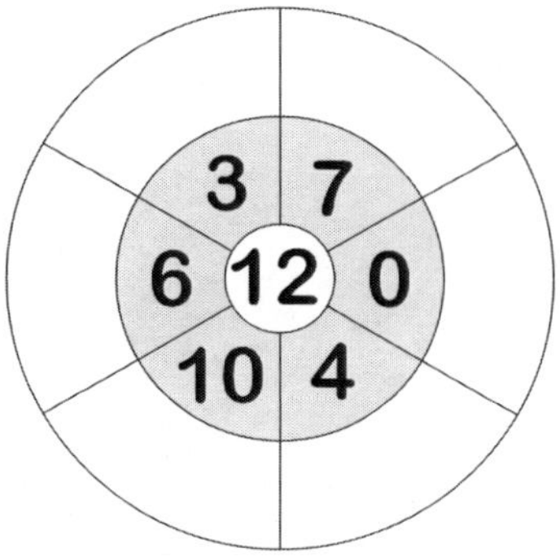

7.

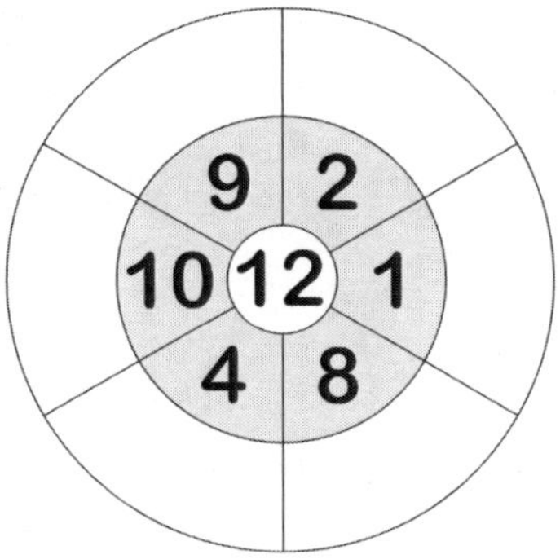

8.

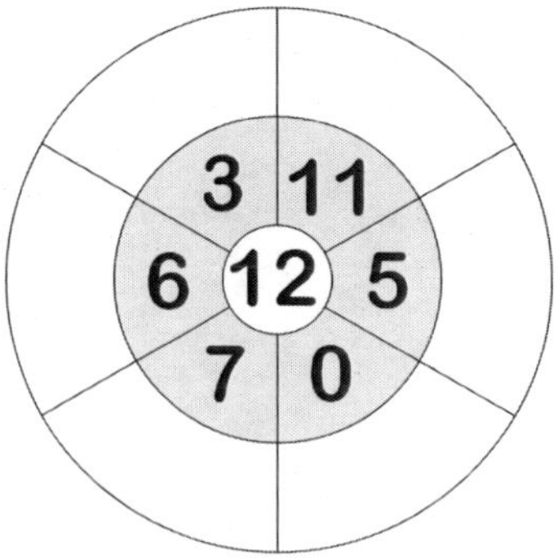

9.

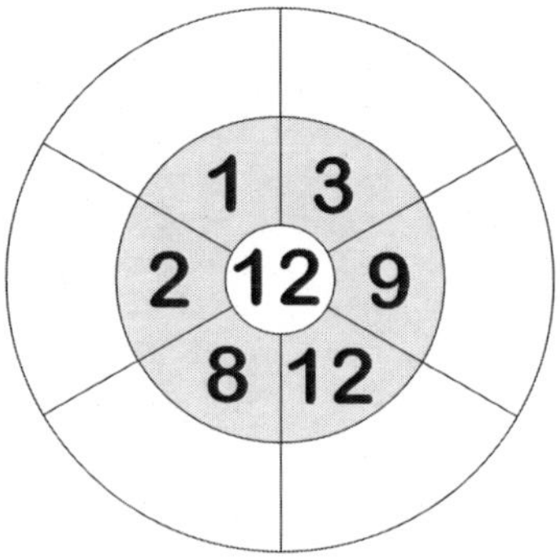

Name: ____________________ # 11x - 12x Date: __________ Score: ______

1. 11 x 3 = ______
2. 12 x 8 = ______
3. 11 x 8 = ______
4. 11 x 0 = ______
5. 12 x 7 = ______
6. 11 x 4 = ______
7. 12 x 11 = ______
8. 12 x 9 = ______
9. 11 x 6 = ______
10. 11 x 12 = ______
11. 12 x 2 = ______
12. 11 x 5 = ______
13. 12 x 4 = ______
14. 11 x 10 = ______
15. 11 x 2 = ______
16. 12 x 3 = ______
17. 11 x 7 = ______
18. 12 x 12 = ______
19. 12 x 6 = ______
20. 11 x 1 = ______
21. 11 x 9 = ______
22. 12 x 0 = ______
23. 12 x 8 = ______
24. 12 x 1 = ______
25. 11 x 6 = ______
26. 12 x 2 = ______
27. 11 x 11 = ______
28. 11 x 5 = ______
29. 12 x 9 = ______
30. 12 x 10 = ______
31. 11 x 8 = ______
32. 12 x 4 = ______
33. 11 x 3 = ______
34. 12 x 5 = ______
35. 12 x 7 = ______
36. 11 x 0 = ______

Name: ____________________

6x - 12x

Date: __________ Score: ________

1. 12 x 3 = ____
2. 10 x 5 = ____
3. 7 x 6 = ____
4. 6 x 8 = ____
5. 11 x 2 = ____
6. 9 x 7 = ____
7. 8 x 10 = ____
8. 6 x 1 = ____
9. 10 x 9 = ____
10. 9 x 11 = ____
11. 11 x 5 = ____
12. 12 x 10 = ____
13. 7 x 9 = ____
14. 6 x 12 = ____
15. 6 x 0 = ____
16. 9 x 3 = ____
17. 11 x 8 = ____
18. 7 x 10 = ____
19. 12 x 4 = ____
20. 9 x 5 = ____
21. 12 x 6 = ____
22. 11 x 3 = ____
23. 10 x 7 = ____
24. 12 x 5 = ____
25. 8 x 4 = ____
26. 7 x 3 = ____
27. 12 x 12 = ____
28. 10 x 4 = ____
29. 8 x 7 = ____
30. 9 x 10 = ____
31. 6 x 2 = ____
32. 10 x 6 = ____
33. 8 x 8 = ____
34. 12 x 9 = ____
35. 11 x 1 = ____
36. 9 x 8 = ____

Name: ____________________ **6x - 12x** Date: __________ Score: ________

1. 12 x 7 = ____
2. 8 x 2 = ____
3. 6 x 3 = ____
4. 9 x 4 = ____
5. 7 x 0 = ____
6. 12 x 6 = ____
7. 11 x 10 = ____
8. 9 x 2 = ____
9. 8 x 1 = ____
10. 7 x 11 = ____
11. 10 x 3 = ____
12. 9 x 0 = ____
13. 6 x 4 = ____
14. 11 x 9 = ____
15. 10 x 2 = ____
16. 12 x 8 = ____
17. 9 x 7 = ____
18. 6 x 11 = ____
19. 11 x 4 = ____
20. 7 x 2 = ____
21. 8 x 5 = ____
22. 6 x 9 = ____
23. 9 x 6 = ____
24. 12 x 0 = ____
25. 11 x 7 = ____
26. 10 x 1 = ____
27. 9 x 12 = ____
28. 7 x 4 = ____
29. 10 x 0 = ____
30. 12 x 11 = ____
31. 6 x 4 = ____
32. 7 x 5 = ____
33. 10 x 11 = ____
34. 9 x 1 = ____
35. 11 x 2 = ____
36. 9 x 3 = ____

Name: ____________ **6x - 12x** Date: ________ Score: ______

1. 6 x 7 = ____
2. 11 x 6 = ____
3. 8 x 9 = ____
4. 10 x 12 = ____
5. 9 x 6 = ____
6. 7 x 8 = ____
7. 6 x 10 = ____
8. 11 x 0 = ____
9. 7 x 7 = ____
10. 9 x 12 = ____
11. 12 x 1 = ____
12. 8 x 11 = ____
13. 10 x 10 = ____
14. 11 x 11 = ____
15. 9 x 8 = ____
16. 8 x 3 = ____
17. 7 x 1 = ____
18. 8 x 12 = ____
19. 10 x 5 = ____
20. 9 x 9 = ____
21. 8 x 2 = ____
22. 11 x 6 = ____
23. 6 x 5 = ____
24. 10 x 9 = ____
25. 1 x 9 = ____
26. 12 x 2 = ____
27. 11 x 12 = ____
28. 10 x 8 = ____
29. 8 x 6 = ____
30. 9 x 12 = ____
31. 11 x 9 = ____
32. 7 x 12 = ____
33. 8 x 0 = ____
34. 6 x 6 = ____
35. 10 x 1 = ____
36. 11 x 3 = ____

Name: ____________________

0x - 12x

Date: __________ Score: ________

1. 11 x 8 = ______
2. 1 x 0 = ______
3. 6 x 9 = ______
4. 4 x 4 = ______
5. 12 x 6 = ______
6. 8 x 3 = ______
7. 2 x 10 = ______
8. 5 x 7 = ______
9. 10 x 10 = ______
10. 3 x 12 = ______
11. 0 x 11 = ______
12. 9 x 4 = ______
13. 4 x 7 = ______
14. 8 x 10 = ______
15. 2 x 6 = ______
16. 5 x 9 = ______
17. 1 x 8 = ______
18. 6 x 6 = ______
19. 11 x 3 = ______
20. 7 x 2 = ______
21. 12 x 9 = ______
22. 9 x 3 = ______
23. 10 x 1 = ______
24. 3 x 5 = ______
25. 2 x 12 = ______
26. 7 x 7 = ______
27. 11 x 12 = ______
28. 9 x 8 = ______
29. 3 x 6 = ______
30. 5 x 10 = ______
31. 2 x 8 = ______
32. 4 x 5 = ______
33. 6 x 7 = ______
34. 8 x 6 = ______
35. 11 x 11 = ______
36. 1 x 9 = ______

Name: ______________________

0x - 12x

Date: __________ Score: ______

1. 10 x 1 = ____
2. 4 x 9 = ____
3. 3 x 2 = ____
4. 6 x 5 = ____
5. 8 x 10 = ____
6. 11 x 4 = ____
7. 2 x 7 = ____
8. 1 x 3 = ____
9. 7 x 8 = ____
10. 5 x 11 = ____
11. 10 x 9 = ____
12. 3 x 3 = ____
13. 0 x 8 = ____
14. 12 x 5 = ____
15. 4 x 6 = ____
16. 12 x 8 = ____
17. 1 x 7 = ____
18. 0 x 11 = ____
19. 9 x 9 = ____
20. 3 x 4 = ____
21. 5 x 8 = ____
22. 1 x 2 = ____
23. 6 x 0 = ____
24. 12 x 7 = ____
25. 3 x 9 = ____
26. 5 x 5 = ____
27. 0 x 12 = ____
28. 8 x 4 = ____
29. 9 x 7 = ____
30. 12 x 12 = ____
31. 1 x 6 = ____
32. 2 x 5 = ____
33. 9 x 0 = ____
34. 7 x 3 = ____
35. 10 x 11 = ____
36. 8 x 8 = ____

Name: ______________________

0x - 12x

Date: __________ Score: ________

1. 1 x 1 = ____
2. 12 x 3 = ____
3. 9 x 2 = ____
4. 3 x 3 = ____
5. 0 x 7 = ____
6. 7 x 6 = ____
7. 2 x 10 = ____
8. 5 x 7 = ____
9. 9 x 7 = ____
10. 10 x 10 = ____
11. 8 x 2 = ____
12. 4 x 11 = ____
13. 9 x 4 = ____
14. 5 x 3 = ____
15. 8 x 9 = ____
16. 2 x 2 = ____
17. 6 x 1 = ____
18. 0 x 12 = ____
19. 10 x 8 = ____
20. 3 x 9 = ____
21. 4 x 8 = ____
22. 6 x 3 = ____
23. 1 x 5 = ____
24. 2 x 6 = ____
25. 8 x 9 = ____
26. 3 x 4 = ____
27. 11 x 0 = ____
28. 10 x 1 = ____
29. 8 x 3 = ____
30. 9 x 11 = ____
31. 7 x 7 = ____
32. 0 x 0 = ____
33. 2 x 8 = ____
34. 6 x 9 = ____
35. 12 x 5 = ____
36. 7 x 8 = ____

Name: ____________ **0x - 12x** Date: ________ Score: ______

1. 0 x 7 = ____	19. 1 x 4 = ____
2. 11 x 1 = ____	20. 0 x 9 = ____
3. 2 x 9 = ____	21. 8 x 1 = ____
4. 5 x 5 = ____	22. 7 x 6 = ____
5. 6 x 9 = ____	23. 9 x 8 = ____
6. 7 x 3 = ____	24. 11 x 9 = ____
7. 3 x 12 = ____	25. 4 x 9 = ____
8. 9 x 5 = ____	26. 10 x 2 = ____
9. 4 x 7 = ____	27. 11 x 11 = ____
10. 5 x 11 = ____	28. 3 x 5 = ____
11. 6 x 8 = ____	29. 0 x 6 = ____
12. 4 x 4 = ____	30. 9 x 11 = ____
13. 2 x 3 = ____	31. 8 x 8 = ____
14. 6 x 6 = ____	32. 7 x 1 = ____
15. 4 x 8 = ____	33. 6 x 7 = ____
16. 3 x 6 = ____	34. 5 x 9 = ____
17. 12 x 2 = ____	35. 3 x 10 = ____
18. 8 x 7 = ____	36. 9 x 3 = ____

Answer Key

Page 4: 1. 0 2. 0 3. 0 4. 0 5. 0 6. 0 7. 0 8. 0 9. 0 10. 0 11. 0 12. 0 13. 0

Page 5: 1. 0 2. 0 3. 0 4. 0 5. 0 6. 0 7. 0 8. 0 9. 0 10. 0 11. 0 12. 0 13. 0 14. 0 15. 0 16. 0

Page 6: 1. 0 2. 0 3. 0 4. 0 5. 0 6. 0 7. 0 8. 0 9. 0 10. 0 11. 0 12. 0 13. 0 14. 0 15. 0 16. 0 17. 0 18. 0 19. 0 20. 0 21. 0 22. 0 23. 0 24. 0 25. 0 26. 0 27. 0 28. 0 29. 0 30. 0 31. 0 32. 0 33. 0 34. 0 35. 0 36. 0

Page 7: 1. 0 2. 0 3. 0 4. 0 5. 0 6. 0 7. 0 8. 0 9. 0 10. 0 11. 0 12. 0 13. 0 14. 0 15. 0 16. 0 17. 0 18. 0 19. 0 20. 0 21. 0 22. 0 23. 0 24. 0 25. 0 26. 0 27. 0 28. 0 29. 0 30. 0 31. 0 32. 0 33. 0 34. 0 35. 0 36. 0

Page 8:

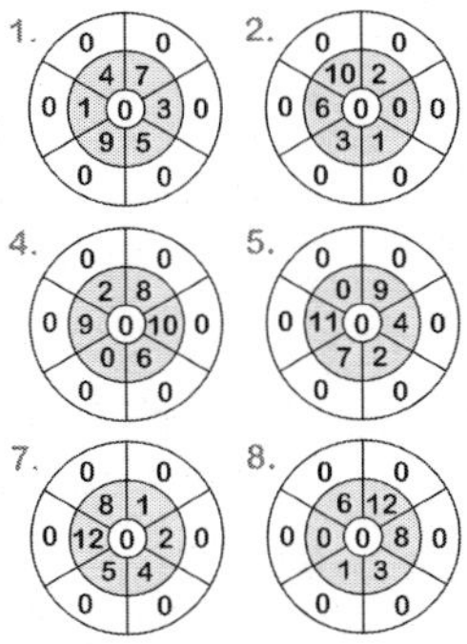

Page 9:

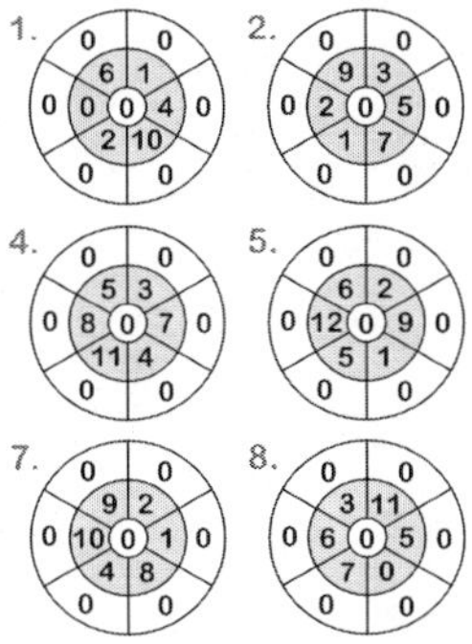

Page 11: 1. 0 2. 1 3. 2 4. 3 5. 4 6. 5 7. 6 8. 7 9. 8 10. 9 11. 10 12. 11 13. 12

Page 12: 1. 5 2. 3 3. 9 4. 1 5. 7 6. 4 7. 12 8. 2 9. 0 10. 11 11. 6 12. 8 13. 10 14. 7 15. 9 16. 4

Page 13: 1. 4 2. 1 3. 9 4. 10 5. 2 6. 6 7. 8 8. 5 9. 12 10. 3 11. 7 12. 11 13. 0 14. 6 15. 5 16. 7 17. 3 18. 4 19. 9 20. 11 21. 2 22. 1 23. 8 24. 10 25. 12 26. 2 27. 4 28. 8 29. 6 30. 11 31. 7 32. 3 33. 9 34. 0 35. 1 36. 5

Page 14: 1. 7 2. 11 3. 3 4. 0 5. 1 6. 5 7. 10 8. 2 9. 4 10. 8 11. 6 12. 3 13. 9 14. 4 15. 12 16. 1 17. 8 18. 0 19. 6 20. 5 21. 7 22. 11 23. 3 24. 2 25. 12 26. 8 27. 0 28. 3 29. 7 30. 10 31. 4 32. 1 33. 6 34. 2 35. 9 36. 8

Page 15:

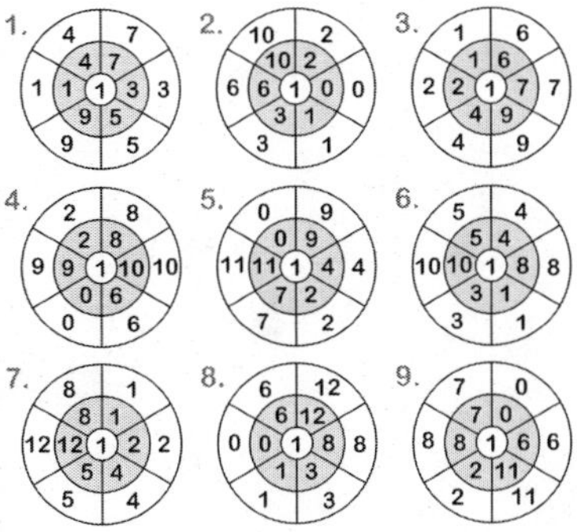

Page 16:

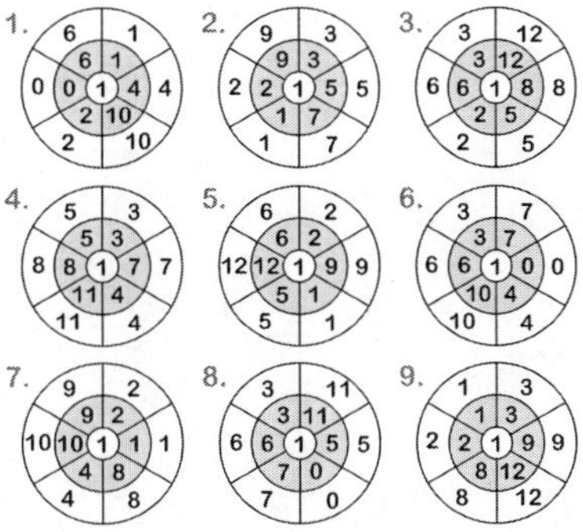

Page 17: 1. 0 2. 8 3. 0 4. 0 5. 7 6. 0 7. 11 8. 9 9. 0 10. 0 11. 2 12. 0 13. 4 14. 0 15. 0 16. 3 17. 0 18. 12 19. 6 20. 0 21. 0 22. 0 23. 8 24. 1 25. 0 26. 2 27. 0 28. 0 29. 9 30. 10 31. 0 32. 4 33. 0 34. 5 35. 7 36. 0

Page 19: 1. 0 2. 2 3. 4 4. 6 5. 8 6. 10 7. 12 8. 14 9. 16 10. 18 11. 20 12. 22 13. 24

Page 20: 1. 10 2. 6 3. 18 4. 2 5. 14 6. 8 7. 24 8. 4 9. 0 10. 22 11. 12 12. 16 13. 20 14. 14 15. 18 16. 8

Page 21: 1. 8 2. 2 3. 18 4. 20 5. 4 6. 12 7. 16 8. 10 9. 24 10. 6 11. 14 12. 22 13. 0 14. 12 15. 10 16. 14 17. 6 18. 8 19. 18 20. 22 21. 4 22. 2 23. 16 24. 20 25. 24 26. 4 27. 8 28. 16 29. 12 30. 22 31. 14 32. 6 33. 18 34. 0 35. 2 36. 10

Page 22: 1. 14 2. 22 3. 6 4. 0 5. 2 6. 10 7. 20 8. 4 9. 8 10. 16 11. 12 12. 6 13. 18 14. 8 15. 24 16. 2 17. 16 18. 0 19. 12 20. 10 21. 14 22. 22 23. 6 24. 4 25. 24 26. 16 27. 0 28. 6 29. 14 30. 20 31. 8 32. 2 33. 12 34. 4 35. 18 36. 16

Page 23:

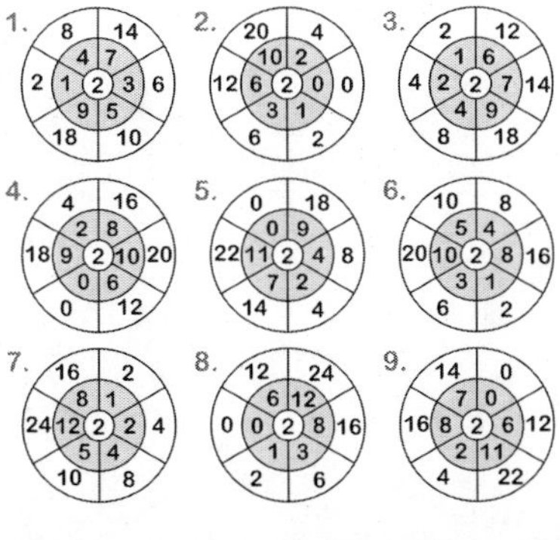

Page 24:

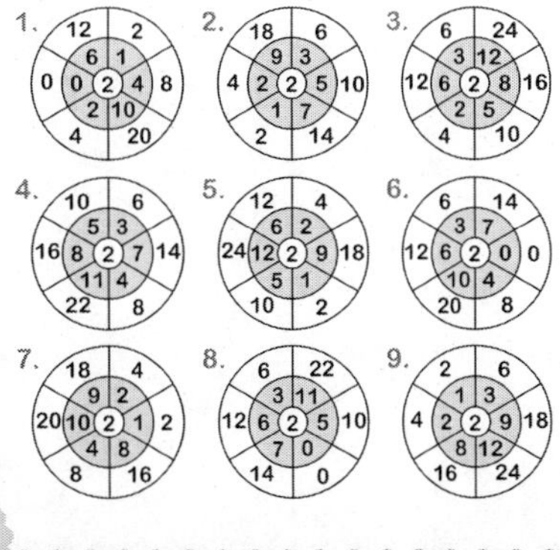

Answer Key

Page 25: 1. 3 2. 16 3. 8 4. 0 5. 14 6. 4 7. 22 8. 18 9. 6 10. 12 11. 4 12. 5 13. 8 14. 10 15. 2 16. 6 17. 7 18. 24 19. 12 20. 1 21. 9 22. 0 23. 16 24. 2 25. 6 26. 4 27. 11 28. 5 29. 18 30. 20 31. 8 32. 8 33. 3 34. 10 35. 14 36. 0

Page 27: 1. 0 2. 3 3. 6 4. 9 5. 12 6. 15 7. 18 8. 21 9. 24 10. 27 11. 30 12. 33 13. 36

Page 28: 1. 15 2. 9 3. 27 4. 3 5. 21 6. 12 7. 36 8. 6 9. 0 10. 33 11. 18 12. 24 13. 30 14. 21 15. 27 16. 12

Page 29: 1. 12 2. 3 3. 27 4. 30 5. 6 6. 18 7. 24 8. 15 9. 36 10. 9 11. 21 12. 33 13. 0 14. 18 15. 15 16. 21 17. 9 18. 12 19. 27 20. 33 21. 6 22. 3 23. 24 24. 30 25. 36 26. 6 27. 12 28. 24 29. 18 30. 33 31. 21 32. 9 33. 27 34. 0 35. 3 36. 15

Page 30: 1. 21 2. 33 3. 9 4. 0 5. 3 6. 15 7. 30 8. 6 9. 12 10. 24 11. 18 12. 9 13. 27 14. 12 15. 36 16. 3 17. 24 18. 0 19. 18 20. 15 21. 21 22. 33 23. 9 24. 6 25. 36 26. 24 27. 0 28. 9 29. 21 30. 30 31. 12 32. 3 33. 18 34. 6 35. 27 36. 24

Page 31:

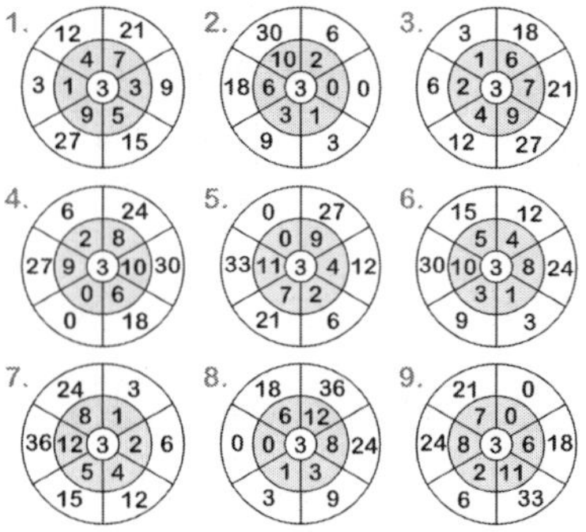

Page 32:

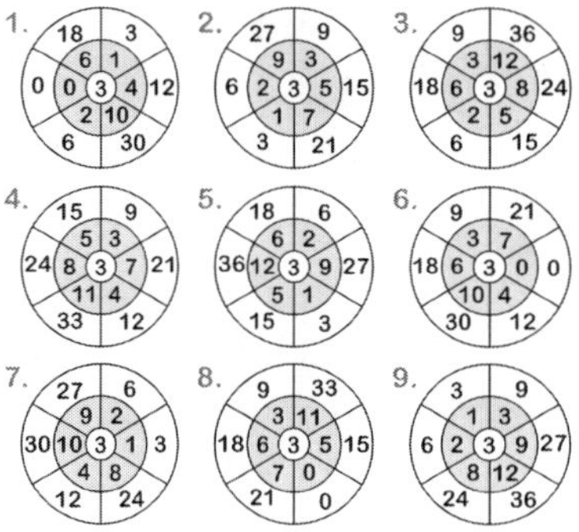

Page 33: 1. 6 2. 24 3. 16 4. 0 5. 21 6. 8 7. 33 8. 27 9. 12 10. 24 11. 6 12. 10 13. 12 14. 20 15. 4 16. 9 17. 14 18. 36 19. 18 20. 2 21. 18 22. 0 23. 24 24. 3 25. 12 26. 6 27. 22 28. 10 29. 27 30. 30 31. 16 32. 12 33. 6 34. 15 35. 21 36. 0

Page 35: 1. 0 2. 4 3. 8 4. 12 5. 16 6. 20 7. 24 8. 28 9. 32 10. 36 11. 40 12. 44 13. 48

Page 36: 1. 20 2. 12 3. 36 4. 4 5. 28 6. 16 7. 48 8. 8 9. 0 10. 44 11. 24 12. 32 13. 40 14. 28 15. 36 16. 16

Page 37: 1. 16 2. 4 3. 36 4. 40 5. 8 6. 24 7. 32 8. 20 9. 48 10. 12 11. 28 12. 44 13. 0 14. 24 15. 20 16. 28 17. 12 18. 16 19. 36 20. 44 21. 8 22. 4 23. 32 24. 40 25. 48 26. 8 27. 16 28. 32 29. 24 30. 44 31. 28 32. 12 33. 36 34. 0 35. 4 36. 20

Page 38: 1. 28 2. 44 3. 12 4. 0 5. 4 6. 20 7. 40 8. 8 9. 16 10. 32 11. 24 12. 12 13. 36 14. 16 15. 48 16. 4 17. 32 18. 0 19. 24 20. 20 21. 28 22. 44 23. 12 24. 8 25. 48 26. 32 27. 0 28. 12 29. 28 30. 40 31. 16 32. 4 33. 24 34. 8 35. 36 36. 32

Page 39:

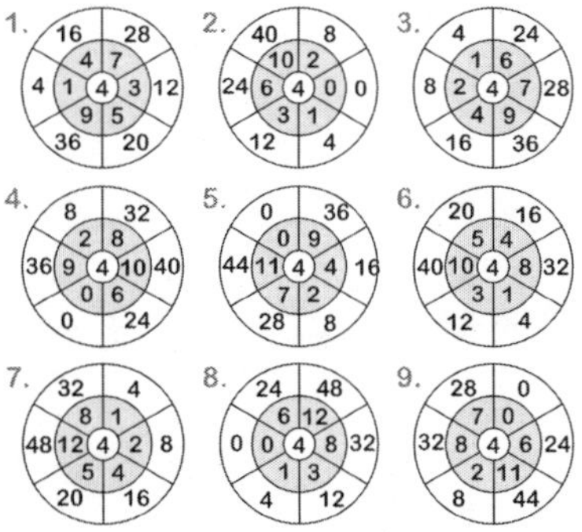

Page 40:

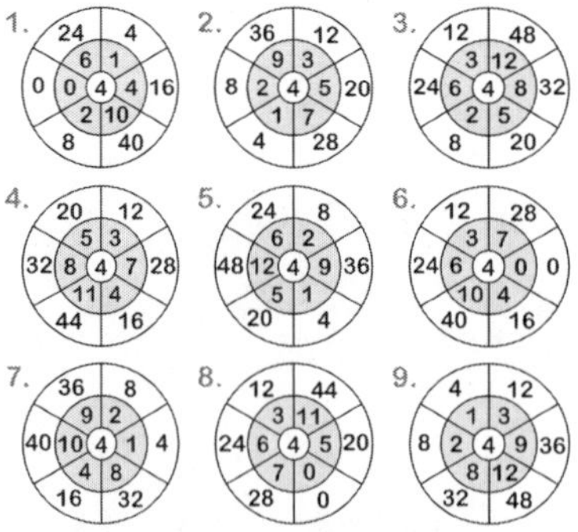

Page 41: 1. 9 2. 32 3. 24 4. 0 5. 28 6. 12 7. 44 8. 36 9. 18 10. 36 11. 8 12. 15 13. 16 14. 30 15. 6 16. 12 17. 21 18. 48 19. 24 20. 3 21. 27 22. 0 23. 32 24. 4 25. 18 26. 8 27. 33 28. 15 29. 36 30. 40 31. 24 32. 16 33. 9 34. 20 35. 28 36. 0

Page 43: 1. 0 2. 5 3. 10 4. 15 5. 20 6. 25 7. 30 8. 35 9. 40 10. 45 11. 50 12. 55 13. 60

Page 44: 1. 25 2. 15 3. 45 4. 5 5. 35 6. 20 7. 60 8. 10 9. 0 10. 55 11. 30 12. 40 13. 50 14. 35 15. 45 16. 20

Page 45: 1. 20 2. 5 3. 45 4. 50 5. 10 6. 30 7. 40 8. 25 9. 60 10. 15 11. 35 12. 55 13. 0 14. 30 15. 25 16. 35 17. 15 18. 20 19. 45 20. 55 21. 10 22. 5 23. 40 24. 50 25. 60 26. 10 27. 20 28. 40 29. 30 30. 55 31. 35 32. 15 33. 45 34. 0 35. 5 36. 25

Page 46: 1. 35 2. 55 3. 15 4. 0 5. 5 6. 25 7. 50 8. 10 9. 20 10. 40 11. 30 12. 15 13. 45 14. 20 15. 60 16. 5 17. 40 18. 0 19. 30 20. 25 21. 35 22. 55 23. 15 24. 10 25. 60 26. 40 27. 0 28. 15 29. 35 30. 50 31. 20 32. 5 33. 30 34. 10 35. 45 36. 40

Answer Key

Page 47:

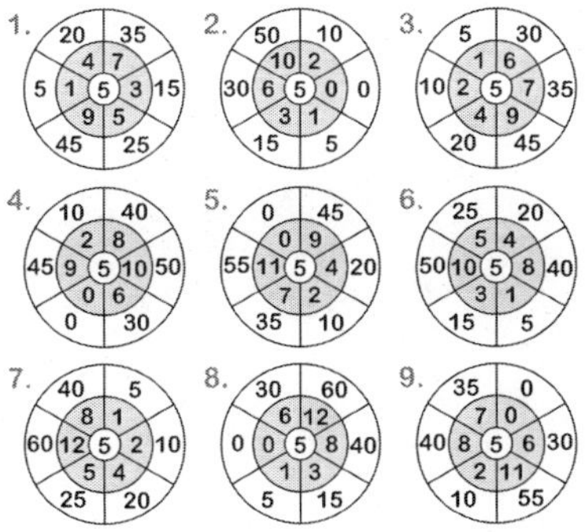

Page 48:

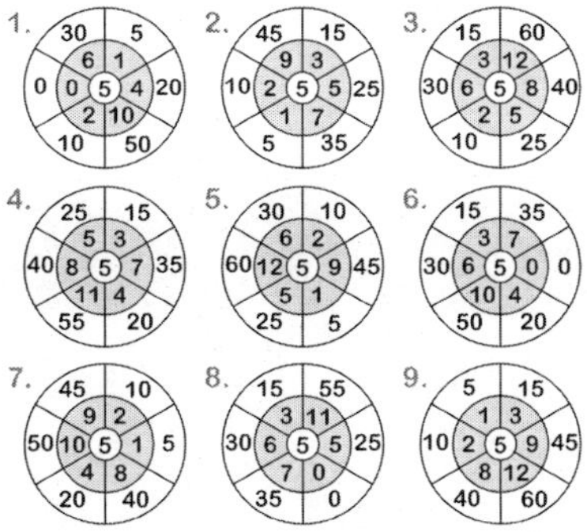

Page 49: 1. 12 2. 40 3. 32 4. 0 5. 35 6. 16 7. 55 8. 45 9. 24 10. 48 11. 10 12. 20 13. 20 14. 40 15. 8 16. 15 17. 28 18. 60 19. 30 20. 4 21. 36 22. 0 23. 40 24. 5 25. 24 26. 10 27. 44 28. 20 29. 45 30. 50 31. 32 32. 20 33. 12 34. 25 35. 35 36. 0

Page 50: 1. 6 2. 20 3. 6 4. 0 5. 10 6. 21 7. 20 8. 0 9. 36 10. 33 11. 25 12. 12 13. 9 14. 48 15. 0 16. 9 17. 40 18. 10 19. 18 20. 15 21. 0 22. 15 23. 28 24. 5 25. 8 26. 3 27. 60 28. 16 29. 14 30. 33 31. 0 32. 24 33. 16 34. 27 35. 10 36. 24

Page 51: 1. 30 2. 16 3. 0 4. 15 5. 0 6. 36 7. 50 8. 9 9. 12 10. 11 11. 28 12. 27 13. 0 14. 60 15. 8 16. 18 17. 21 18. 44 19. 25 20. 2 21. 4 22. 0 23. 18 24. 32 25. 35 26. 24 27. 36 28. 6 29. 24 30. 60 31. 14 32. 0 33. 12 34. 3 35. 10 36. 9

Page 52: 1. 0 2. 30 3. 18 4. 28 5. 18 6. 2 7. 44 8. 40 9. 7 10. 36 11. 0 12. 10 13. 24 14. 55 15. 24 16. 6 17. 9 18. 20 19. 20 20. 27 21. 4 22. 30 23. 0 24. 36 25. 9 26. 9 27. 60 28. 32 29. 12 30. 36 31. 45 32. 0 33. 16 34. 0 35. 4 36. 15

Page 54: 1. 0 2. 6 3. 12 4. 18 5. 24 6. 30 7. 36 8. 42 9. 48 10. 54 11. 60 12. 66 13. 72

Page 55: 1. 30 2. 18 3. 54 4. 6 5. 42 6. 24 7. 72 8. 12 9. 0 10. 66 11. 36 12. 48 13. 60 14. 42 15. 54 16. 24

Page 56: 1. 24 2. 6 3. 54 4. 60 5. 12 6. 36 7. 48 8. 30 9. 72 10. 18 11. 42 12. 66 13. 0 14. 36 15. 30 16. 42 17. 18 18. 24 19. 54 20. 66 21. 12 22. 6 23. 48 24. 60 25. 72 26. 12 27. 24 28. 48 29. 36 30. 66 31. 42 32. 18 33. 54 34. 0 35. 6 36. 30

Page 57: 1. 42 2. 66 3. 18 4. 0 5. 6 6. 30 7. 60 8. 12 9. 24 10. 48 11. 36 12. 18 13. 54 14. 24 15. 72 16. 6 17. 48 18. 0 19. 36 20. 30 21. 42 22. 66 23. 18 24. 12 25. 72 26. 48 27. 0 28. 18 29. 42 30. 60 31. 24 32. 6 33. 36 34. 12 35. 54 36. 48

Page 58:

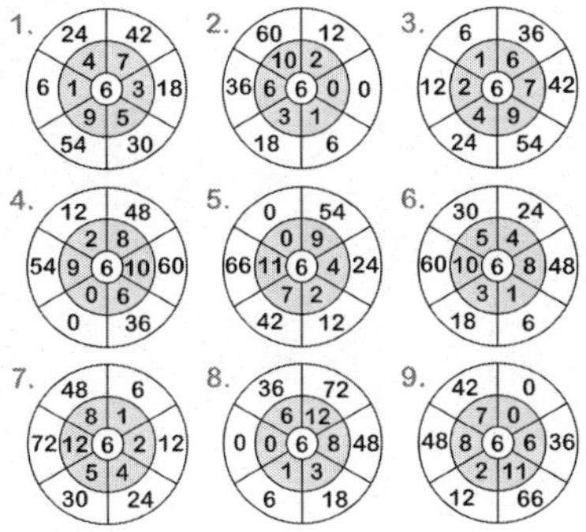

Page 59:

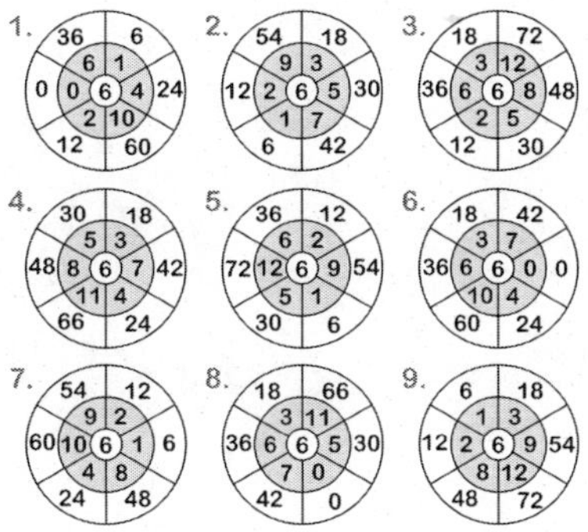

Page 60: 1. 15 2. 48 3. 40 4. 0 5. 42 6. 20 7. 66 8. 54 9. 30 10. 60 11. 12 12. 25 13. 24 14. 50 15. 10 16. 18 17. 35 18. 72 19. 36 20. 5 21. 45 22. 0 23. 48 24. 6 25. 30 26. 12 27. 55 28. 25 29. 54 30. 60 31. 40 32. 24 33. 15 34. 30 35. 42 36. 0

Page 62: 1. 0 2. 7 3. 14 4. 21 5. 28 6. 35 7. 42 8. 49 9. 56 10. 63 11. 70 12. 77 13. 84

Page 63: 1. 35 2. 21 3. 63 4. 7 5. 49 6. 28 7. 84 8. 14 9. 0 10. 77 11. 42 12. 56 13. 70 14. 49 15. 63 16. 28

Page 64: 1. 28 2. 7 3. 63 4. 70 5. 14 6. 42 7. 56 8. 35 9. 84 10. 21 11. 49 12. 77 13. 0 14. 42 15. 35 16. 49 17. 21 18. 28 19. 63 20. 77 21. 14 22. 7 23. 56 24. 70 25. 84 26. 14 27. 28 28. 56 29. 42 30. 77 31. 49 32. 21 33. 63 34. 0 35. 7 36. 35

Page 65: 1. 49 2. 77 3. 21 4. 0 5. 7 6. 35 7. 70 8. 14 9. 28 10. 56 11. 42 12. 21 13. 63 14. 28 15. 84 16. 7 17. 56 18. 0 19. 42 20. 35 21. 49 22. 77 23. 21 24. 14 25. 84 26. 56 27. 0 28. 21 29. 49 30. 70 31. 28 32. 7 33. 42 34. 14 35. 63 36. 56

Page 66:

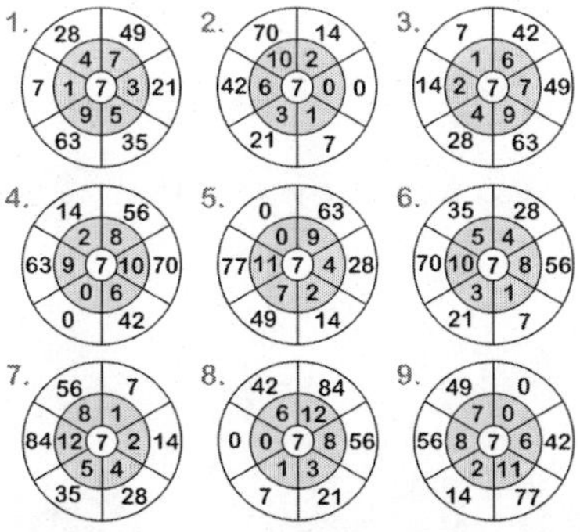

Page 67:

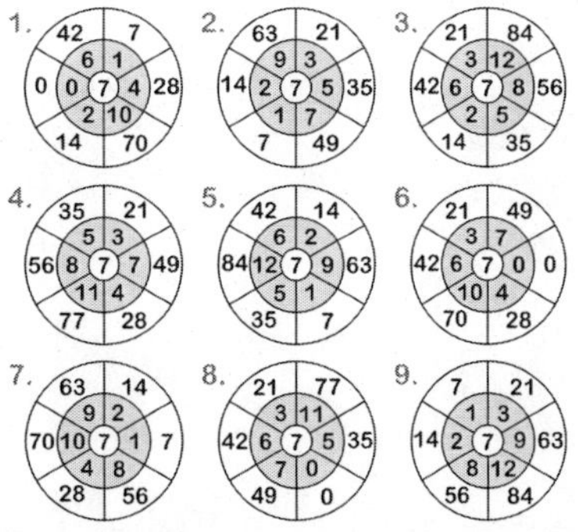

Answer Key

Page 68: 1. 18 2. 56 3. 48 4. 0 5. 49 6. 24 7. 77 8. 63 9. 36 10. 72 11. 14 12. 30 13. 28 14. 60 15. 12 16. 21 17. 42 18. 84 19. 42 20. 6 21. 54 22. 0 23. 56 24. 7 25. 36 26. 14 27. 66 28. 30 29. 63 30. 70 31. 48 32. 28 33. 18 34. 35 35. 49 36. 0

Page 70: 1. 0 2. 8 3. 16 4. 24 5. 32 6. 40 7. 48 8. 56 9. 64 10. 72 11. 80 12. 88 13. 96

Page 71: 1. 40 2. 24 3. 72 4. 8 5. 56 6. 32 7. 96 8. 16 9. 0 10. 88 11. 48 12. 64 13. 80 14. 56 15. 72 16. 32

Page 72: 1. 32 2. 8 3. 72 4. 80 5. 16 6. 48 7. 64 8. 40 9. 96 10. 24 11. 56 12. 88 13. 0 14. 48 15. 40 16. 56 17. 24 18. 32 19. 72 20. 88 21. 16 22. 8 23. 64 24. 80 25. 96 26. 16 27. 32 28. 64 29. 48 30. 88 31. 56 32. 24 33. 72 34. 0 35. 8 36. 40

Page 73: 1. 56 2. 88 3. 24 4. 0 5. 8 6. 40 7. 80 8. 16 9. 32 10. 64 11. 48 12. 24 13. 72 14. 32 15. 96 16. 8 17. 64 18. 0 19. 48 20. 40 21. 56 22. 88 23. 24 24. 16 25. 96 26. 64 27. 0 28. 24 29. 56 30. 80 31. 32 32. 8 33. 48 34. 16 35. 72 36. 64

Page 74:

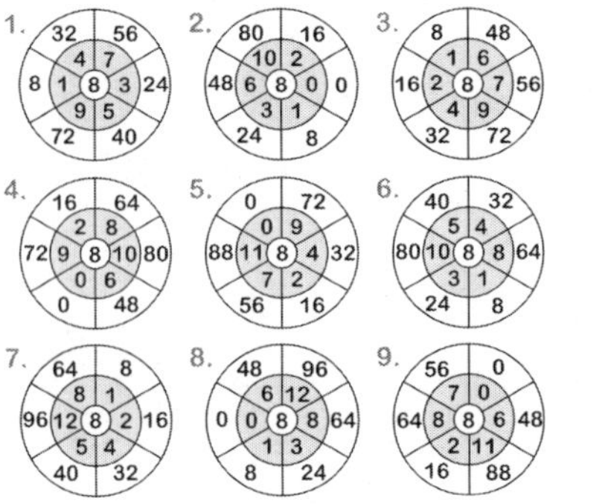

Page 75:

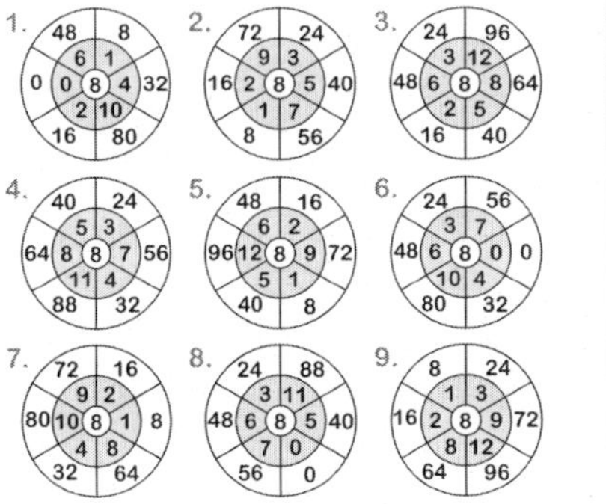

Page 76: 1. 21 2. 64 3. 56 4. 0 5. 56 6. 28 7. 88 8. 72 9. 42 10. 84 11. 16 12. 35 13. 32 14. 70 15. 14 16. 24 17. 49 18. 96 19. 48 20. 7 21. 63 22. 0 23. 64 24. 8 25. 42 26. 16 27. 77 28. 35 29. 72 30. 80 31. 56 32. 32 33. 21 34. 40 35. 56 36. 0

Page 78: 1. 0 2. 9 3. 18 4. 27 5. 36 6. 45 7. 54 8. 63 9. 72 10. 81 11. 90 12. 99 13. 108

Page 79: 1. 45 2. 27 3. 81 4. 9 5. 63 6. 36 7. 108 8. 18 9. 0 10. 99 11. 54 12. 72 13. 90 14. 63 15. 81 16. 36

Page 80: 1. 36 2. 9 3. 81 4. 90 5. 18 6. 54 7. 72 8. 45 9. 108 10. 27 11. 63 12. 99 13. 0 14. 54 15. 45 16. 63 17. 27 18. 36 19. 81 20. 99 21. 18 22. 9 23. 72 24. 90 25. 108 26. 18 27. 36 28. 72 29. 54 30. 99 31. 63 32. 27 33. 81 34. 0 35. 9 36. 45

Page 81: 1. 63 2. 99 3. 27 4. 0 5. 9 6. 45 7. 90 8. 18 9. 36 10. 72 11. 54 12. 27 13. 81 14. 36 15. 108 16. 9 17. 72 18. 0 19. 54 20. 45 21. 63 22. 99 23. 27 24. 18 25. 108 26. 72 27. 0 28. 27 29. 63 30. 90 31. 36 32. 9 33. 54 34. 18 35. 81 36. 72

Page 82:

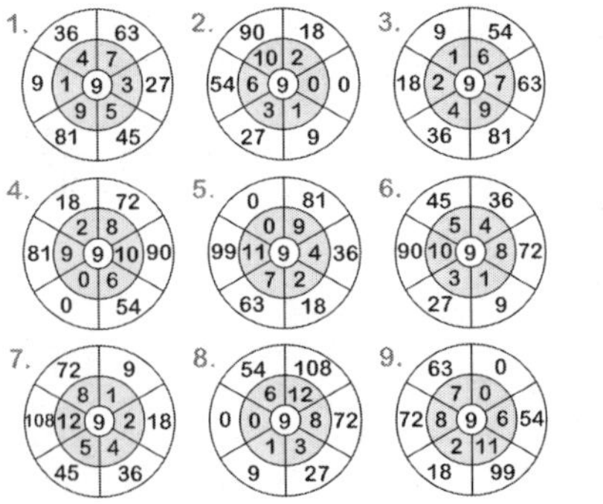

Page 83:

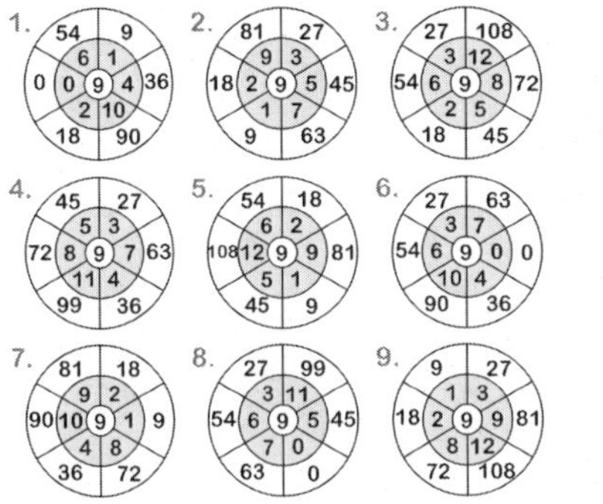

Page 84: 1. 24 2. 72 3. 64 4. 0 5. 63 6. 32 7. 99 8. 81 9. 48 10. 96 11. 18 12. 40 13. 36 14. 80 15. 16 16. 27 17. 56 18. 108 19. 54 20. 8 21. 72 22. 0 23. 72 24. 9 25. 48 26. 18 27. 88 28. 40 29. 81 30. 90 31. 64 32. 36 33. 24 34. 45 35. 63 36. 0

Page 86: 1. 0 2. 10 3. 20 4. 30 5. 40 6. 50 7. 60 8. 70 9. 80 10. 90 11. 100 12. 110 13. 120

Page 87: 1. 50 2. 30 3. 90 4. 10 5. 70 6. 40 7. 120 8. 20 9. 0 10. 110 11. 60 12. 80 13. 100 14. 70 15. 90 16. 40

Page 88: 1. 40 2. 10 3. 90 4. 100 5. 20 6. 60 7. 80 8. 50 9. 120 10. 30 11. 70 12. 110 13. 0 14. 60 15. 50 16. 70 17. 30 18. 40 19. 90 20. 110 21. 20 22. 10 23. 80 24. 100 25. 120 26. 20 27. 40 28. 80 29. 60 30. 110 31. 70 32. 30 33. 90 34. 0 35. 10 36. 50

Page 89: 1. 70 2. 110 3. 30 4. 0 5. 10 6. 50 7. 100 8. 20 9. 40 10. 80 11. 60 12. 30 13. 90 14. 40 15. 120 16. 10 17. 80 18. 0 19. 60 20. 50 21. 70 22. 110 23. 30 24. 20 25. 120 26. 80 27. 0 28. 30 29. 70 30. 100 31. 40 32. 10 33. 60 34. 20 35. 90 36. 80

Answer Key

Page 90:

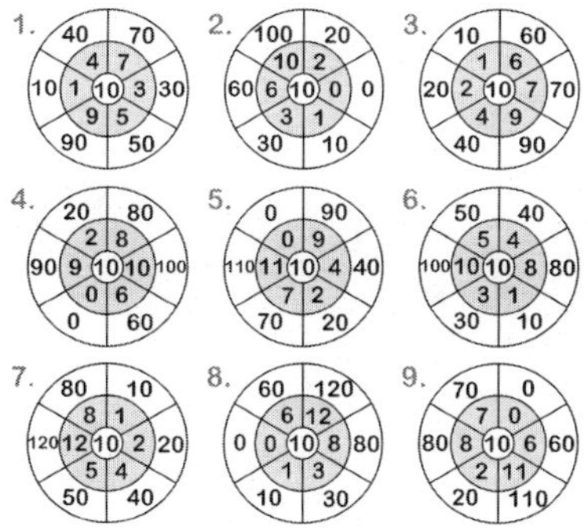

Page 91:

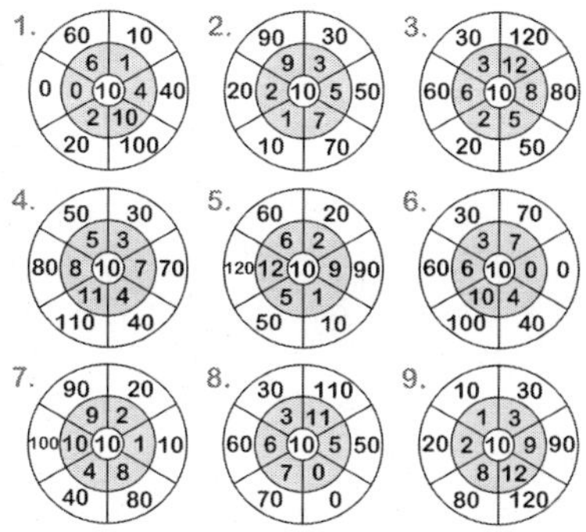

Page 92: 1. 27 2. 80 3. 72 4. 0 5. 70 6. 36 7. 110 8. 90 9. 54 10. 108 11. 20 12. 45 13. 40 14. 90 15. 18 16. 30 17. 63 18. 120 19. 60 20. 9 21. 81 22. 0 23. 80 24. 10 25. 54 26. 20 27. 99 28. 45 29. 90 30. 100 31. 72 32. 40 33. 27 34. 50 35. 70 36. 0

Page 94: 1. 0 2. 11 3. 22 4. 33 5. 44 6. 55 7. 66 8. 77 9. 88 10. 99 11. 110 12. 121 13. 132

Page 95: 1. 55 2. 33 3. 99 4. 11 5. 77 6. 44 7. 132 8. 22 9. 0 10. 121 11. 66 12. 88 13. 110 14. 77 15. 99 16. 44

Page 96: 1. 44 2. 11 3. 99 4. 110 5. 22 6. 66 7. 88 8. 55 9. 132 10. 33 11. 77 12. 121 13. 0 14. 66 15. 55 16. 77 17. 33 18. 44 19. 99 20. 121 21. 22 22. 11 23. 88 24. 110 25. 132 26. 22 27. 44 28. 88 29. 66 30. 121 31. 77 32. 33 33. 99 34. 0 35. 11 36. 55

Page 97: 1. 77 2. 121 3. 33 4. 0 5. 11 6. 55 7. 110 8. 22 9. 44 10. 88 11. 66 12. 33 13. 99 14. 44 15. 132 16. 11 17. 88 18. 0 19. 66 20. 55 21. 77 22. 121 23. 33 24. 22 25. 132 26. 88 27. 0 28. 33 29. 77 30. 110 31. 44 32. 11 33. 66 34. 22 35. 99 36. 88

Page 98:

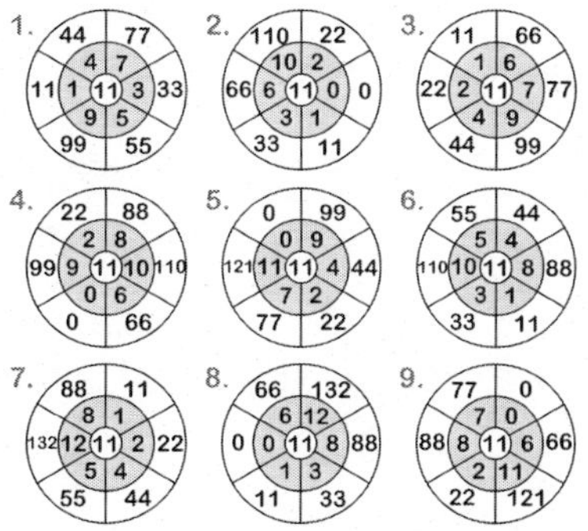

Page 99:

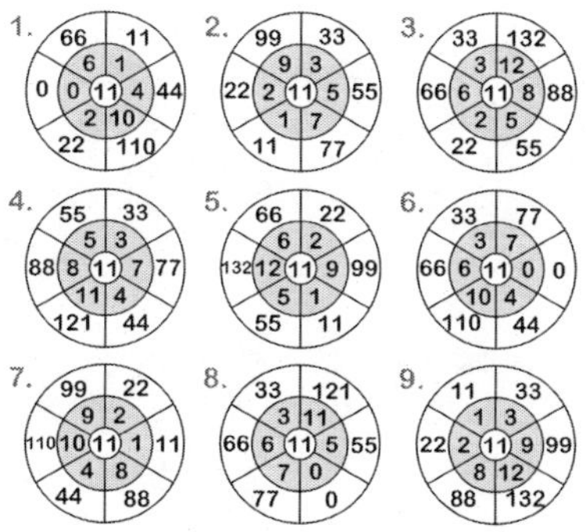

Page 100: 1. 30 2. 88 3. 80 4. 0 5. 77 6. 40 7. 121 8. 99 9. 60 10. 120 11. 22 12. 50 13. 44 14. 100 15. 20 16. 33 17. 70 18. 132 19. 66 20. 10 21. 90 22. 0 23. 88 24. 11 25. 60 26. 22 27. 110 28. 50 29. 99 30. 110 31. 80 32. 44 33. 30 34. 55 35. 77 36. 0

Page 102: 1. 0 2. 12 3. 24 4. 36 5. 48 6. 60 7. 72 8. 84 9. 96 10. 108 11. 120 12. 132 13. 144

Page 103: 1. 60 2. 36 3. 108 4. 12 5. 84 6. 48 7. 144 8. 24 9. 0 10. 132 11. 72 12. 96 13. 120 14. 84 15. 108 16. 48

Page 104: 1. 48 2. 12 3. 108 4. 120 5. 24 6. 72 7. 96 8. 60 9. 144 10. 36 11. 84 12. 132 13. 0 14. 72 15. 60 16. 84 17. 36 18. 48 19. 108 20. 132 21. 24 22. 12 23. 96 24. 120 25. 144 26. 24 27. 48 28. 96 29. 72 30. 132 31. 84 32. 36 33. 108 34. 0 35. 12 36. 60

Page 105: 1. 84 2. 132 3. 36 4. 0 5. 12 6. 60 7. 120 8. 24 9. 48 10. 96 11. 72 12. 36 13. 108 14. 48 15. 144 16. 12 17. 96 18. 0 19. 72 20. 60 21. 84 22. 132 23. 36 24. 24 25. 144 26. 96 27. 0 28. 36 29. 84 30. 120 31. 48 32. 12 33. 72 34. 24 35. 108 36. 96

Page 106:

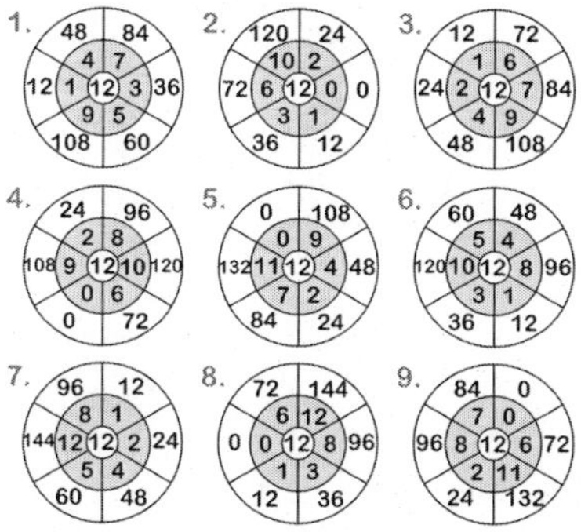

Page 107:

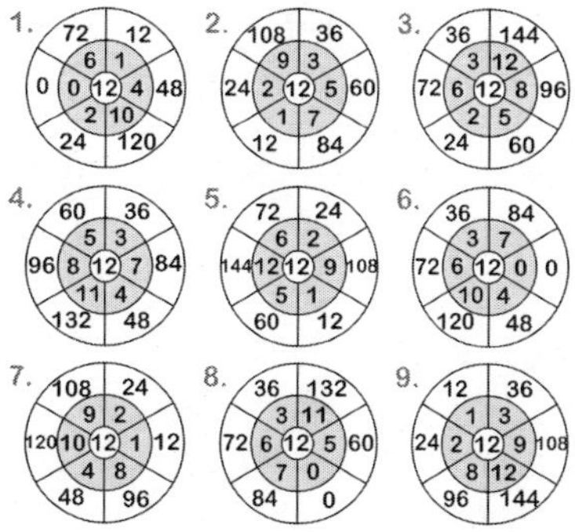

Page 108: 1. 33 2. 96 3. 88 4. 0 5. 84 6. 44 7. 132 8. 108 9. 66 10. 132 11. 24 12. 55 13. 48 14. 110 15. 22 16. 36 17. 77 18. 144 19. 72 20. 11 21. 99 22. 0 23. 96 24. 12 25. 66 26. 24 27. 121 28. 55 29. 108 30. 120 31. 88 32. 48 33. 33 34. 60 35. 84 36. 0

Answer Key

Page 109: 1. 36 2. 50 3. 42 4. 48 5. 22 6. 63 7. 80 8. 6 9. 90 10. 99 11. 55 12. 120 13. 63 14. 72 15. 0 16. 27 17. 88 18. 70 19. 48 20. 45 21. 72 22. 33 23. 70 24. 60 25. 32 26. 21 27. 144 28. 40 29. 56 30. 90 31. 12 32. 60 33. 64 34. 108 35. 11 36. 72

Page 110: 1. 84 2. 16 3. 18 4. 36 5. 0 6. 72 7. 110 8. 18 9. 8 10. 77 11. 30 12. 0 13. 24 14. 99 15. 20 16. 96 17. 63 18. 66 19. 44 20. 14 21. 40 22. 54 23. 54 24. 0 25. 77 26. 10 27. 108 28. 28 29. 0 30. 132 31. 24 32. 35 33. 110 34. 9 35. 22 36. 27

Page 111: 1. 42 2. 66 3. 72 4. 120 5. 54 6. 56 7. 60 8. 0 9. 49 10. 108 11. 12 12. 88 13. 100 14. 121 15. 72 16. 24 17. 7 18. 96 19. 50 20. 81 21. 16 22. 66 23. 30 24. 90 25. 9 26. 24 27. 132 28. 80 29. 48 30. 108 31. 99 32. 84 33. 0 34. 36 35. 10 36. 33

Page 112: 1. 88 2. 0 3. 54 4. 16 5. 72 6. 24 7. 20 8. 35 9. 100 10. 36 11. 0 12. 36 13. 28 14. 80 15. 12 16. 45 17. 8 18. 36 19. 33 20. 14 21. 108 22. 27 23. 10 24. 15 25. 24 26. 49 27. 132 28. 72 29. 18 30. 50 31. 16 32. 20 33. 42 34. 48 35. 121 36. 9

Page 113: 1. 10 2. 36 3. 6 4. 30 5. 80 6. 44 7. 14 8. 3 9. 56 10. 55 11. 90 12. 9 13. 0 14. 60 15. 24 16. 96 17. 7 18. 0 19. 81 20. 12 21. 40 22. 2 23. 0 24. 84 25. 27 26. 25 27. 0 28. 32 29. 63 30. 144 31. 6 32. 10 33. 0 34. 21 35. 110 36. 64

Page 114: 1. 1 2. 36 3. 18 4. 9 5. 0 6. 42 7. 20 8. 35 9. 63 10. 100 11. 16 12. 44 13. 36 14. 15 15. 72 16. 4 17. 6 18. 0 19. 80 20. 27 21. 32 22. 18 23. 5 24. 12 25. 72 26. 12 27. 0 28. 10 29. 24 30. 99 31. 49 32. 0 33. 16 34. 54 35. 60 36. 56

Page 115: 1. 0 2. 11 3. 18 4. 25 5. 54 6. 21 7. 36 8. 45 9. 28 10. 55 11. 48 12. 16 13. 6 14. 36 15. 32 16. 18 17. 24 18. 56 19. 4 20. 0 21. 8 22. 42 23. 72 24. 99 25. 36 26. 20 27. 121 28. 15 29. 0 30. 99 31. 64 32. 7 33. 42 34. 45 35. 30 36. 27